山西省高等学校哲学社会科学研究项目立项"创意设计视角下乔家大院装饰艺术在景观领域的传承与发展研究"（项目号：2016251）
山西省高等学校哲学社会科学研究项目资助

创意设计视角下乔家大院装饰艺术在景观领域的传承与发展研究

李 硕 著

中国纺织出版社有限公司

内 容 提 要

本书从设计艺术学入手，运用历史、文物、艺术、美学等知识体系，对乔家大院的地理位置、历史脉络、自然环境、人文环境、建筑的总体布局及门窗和装饰物的特点、风格进行深入分析研究，从中梳理出其丰富的艺术文化价值。本书的学术观点和立论依据是以创意设计视角下乔家大院装饰艺术在景观领域的传承与发展研究这一核心展开的，具有创新性的学术观点：主要是从传统文化元素和景观设计的关系上，重新对乔家大院在城市景观空间中进行了定位，明确了装饰艺术的功能价值、历史价值，并在乔家大院的保护与发展上进行了分析，提出了有益的探讨。

基于文化传承与人性关怀的乔家大院景观创意设计是本书的亮点，书中创新性地提出如何运用虚拟现实技术营造"融情于景"的现代城市互动景观技术。

本书可作为艺术设计师生、研究者和从业者的参考用书。

图书在版编目（CIP）数据

创意设计视角下乔家大院装饰艺术在景观领域的传承与发展研究 / 李硕著 . -- 北京：中国纺织出版社有限公司，2020.4（2022.9重印）

ISBN 978-7-5180-6729-9

Ⅰ.①创… Ⅱ.①李… Ⅲ.①民居—建筑装饰—研究—山西 Ⅳ.① TU241.5

中国版本图书馆 CIP 数据核字（2019）第 211395 号

责任编辑：华长印　　特约编辑：王昌凤　　责任校对：江思飞
责任印刷：何　建

中国纺织出版社有限公司出版发行

地址：北京市朝阳区百子湾东里 A407 号楼　邮政编码：100124

销售电话：010—67004422　传真 010—87155801

http://www.c-textilep.com

中国纺织出版社天猫旗舰店

官方微博 http://weibo.com/2119887771

北京虎彩文化传播有限公司印刷　各地新华书店经销

2020 年 4 月第 1 版　2022 年 9 月第 2 次印刷

开本：710×1000　1/16　印张：9

字数：140 千字　定价：98.00 元

前 言 *Preface*

　　被誉为"北方民居建筑的一颗明珠"的乔家大院，以其设计之精巧、工艺之精细、建筑之雄伟著称于世，充分展现了我国清代民居建筑的独特风格，不仅具有相当高的观赏、科研和历史价值，还具有极高的文化、艺术、建筑价值，可谓是一座艺术宝库。

　　事物的发展并不一定符合最初的意向，乔家商业的奠基人乔贵发最初盖起了乔家大院院落，后在乔全美的主持下起建楼房，修建了乔家大院的老院，经由乔致庸、乔景仪、乔景俨，终由乔致庸的孙子辈乔映霞、乔映奎分别完成。他们最初也许并没有想到要建成一座精美的艺术宝库，只是住有所居而已，但淳朴敦厚的晋中文化传统无时不浸染着这片沃土上晋中人的心，尽显在生活起居、房舍建造等方面，这种特性在乔家大院建筑的形成与发展中得到了淋漓尽致的发挥和体现。在感谢乔氏家人遗留的这一建筑艺术的同时，对其进行研究与总结，不仅会进一步促进乔家大院的开发与利用，而且会更好地传承民族的传统文化。

　　本书的宗旨是以乔家大院为切入点，从艺术设计角度探寻其丰富的艺术内涵。作者以乔家大院景观环境为研究对象，从装饰艺术在景观设计上的表现及在景观领域的应用角度，对乔家大院的房屋建筑布局特点、院舍房屋建筑风格、景观建筑风格，以及门窗和装饰物建筑风格等，进行了分析与研究，旨在从艺术设计专业出发，在实地调查、查阅资料的基础上，对乔家大院的建筑艺术进行深入研究，探讨其内含的艺术价值。

　　本书通过对乔家大院的地理位置、历史脉络、自然环境、人文环境、建筑的总体布局，以及门窗和装饰物的特点、风格进行梳理，通过对相关文献资料的研究和实地考察等进行了研究与探析，取得了一定的成果。

第一，从装饰艺术方面，采用多学科并举、互为论证的方法，从历史、文物、艺术、美学等方面进入深入研究，查阅祁县、乔氏家族及建筑过程所形成的相关的各类文献资料，从装饰艺术学的视角，对乔家大院的建筑形式、装饰艺术的特征、景观设计的表现等加以分析，进一步发现其独特的艺术内涵。

第二，从装饰艺术在景观设计上的表现方面，对乔家大院装饰艺术进行分析与研究，充分分析传统文化元素和景观设计的关系，重新对乔家大院在城市景观空间中的定位进行分析，明确了装饰艺术的功能价值、历史价值。

第三，从乔家大院的保护与发展方面，对乔家大院面临的危机进行了分析，查找了原因，对进一步保护和开发建设做出一些有益的探讨。

文化的地域属性能够反映出不同地域思想、风格各异的民俗，地域文化赋予了一个地域文化属性的基本特色。而作为文化符号的建筑，它所呈现出的就是这种地域文化，不仅包括区域内独具特色的自然地理状况，更包含了此地区独特的民俗艺术符号、审美特点等，体现了地域的个性与特色。地处黄河流域的山西，黄天厚土孕育了晋文化，产生了以乔家大院为代表的建筑艺术，它有着浓厚的地域特色，探寻其魅力所在，赋予其新的内涵，对社会发展文化建设有一定的价值和意义。

李 硕

2019.5.1

目 录 *Contents*

第一章　乔家大院景观环境概述

第一节　乔家大院的地理位置

　　乔家大院（后简称"大院"）坐落于山西省祁县东部的乔家堡村，是清朝末年著名资本家和金融巨贾乔致庸的府邸，也是一座具有北方汉族传统民居建筑风格的古宅，其建筑本身为我们展现了山西乔家过去辉煌的历史。[1] 乔家大院的正式名称是：乔在中堂宅院，又名"在中堂"，"在中堂"是乔致庸的堂号。它交通便利，距离山西省省会太原市60余公里，是太原前往山西南部地区的必经之地，此处土地平旷，早年犹如在一个花园里，绿树环绕，水渠蜿蜒，景色怡人；大院三面临街，与周边邻宅有一段间隔，从外观上看，像一个敦实的、封闭的堡垒矗立在祁县大地之上。早些年间，大院旁还设有乔家的车马院、花园、铺号及堂兄弟家的宅院，周边点缀着村里的戏台、书院、宗祠等建筑，但这些曾经在中国的经济发展史上有着独特地位的晋商建筑，以及那样安定祥和的文化系统已然不复存在，只有这古朴恢宏的大院留了下来。

第二节　乔家大院的历史脉络

　　清乾隆元年（1736年），乔家奠基人乔贵发"走西口"远赴包头做生意，逐渐获得了一些收入，开办"广盛公"商号。乾隆三十一年（1766年），乔贵发回乡盖起了乔家大院最初的院落，后在乔全美的主持下乔家开始兴旺起来，逐渐成为一个枝繁叶茂的大家族，买下了十字口东北角的几处宅地，起建楼房，修建了乔家大院的老院。

---

[1]　祁县地方志编纂委员会. 祁县志［M］. 北京：中华书局，1999.

乔家大院先后经历两次扩建，一次增修。第一次扩建约在清同治年间，由乔家第三代乔全美的次子乔致庸主持；第二次扩建为光绪中晚期，由第四代乔景仪、乔景俨兄弟经手。增修是在民国十年（1921 年），由乔致庸的孙子辈乔映霞、乔映奎分别完成。从始建到最后建成现在的格局，历经近两个世纪。虽然时间跨度很大，但后来的扩建和增修都能按原先的构思进行，使整个大院风格一致，浑然一体（图 1-1）。

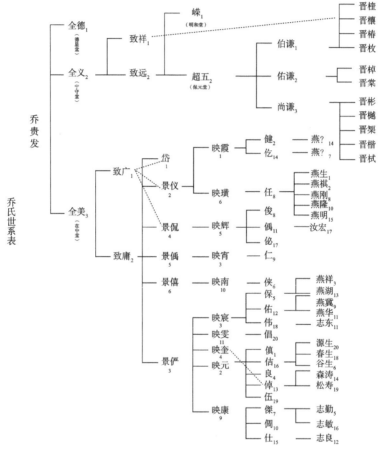

图 1-1　乔"在中堂"世系表

注：数字为排行，虚线表示过继关系。

　　乔家大院自从土改时由当地政府全部收存后，已数易其主，幸好并无大的改动，基本一仍其旧。1985 年，经政府批准，乔家大院辟为"民俗博物馆"。国家投入大量资金进行修复，恢复了原来青砖碧瓦的旧面貌，修建了乔家当年未竣工的内花园，为这座古宅增添了新的风采。

第三节 乔家大院的自然环境

山西祁县境内景色优美，气候整体较为干旱，雨季雨量充沛，风沙天气比较常见，日照时间较长，冬季严寒，雪量较少。因此，当地民居因地制宜地建造了窄长型的院落，院墙通常较高，墙体较厚，防晒又防风沙。尤其是到了春季，沙尘天气使百姓苦不堪言，而高院墙能在风沙天气来临时，成为阻隔风沙的一道屏障，也是院内居住者的"护身符"。

祁县大地水资源匮乏，没有适合植物充分生长的先天条件，因而植被少、树林少，没有足够的建材让居民建造房屋。但人们发现，该地区矿石种类多，再加上空间有限，院内一般较少种植植物，而用方砖铺满地面，这样一来阳光可以最大限度地照进房间。这也就解释了为什么晋中地区的建筑多为石建筑，逐渐形成了一种地域建筑特色。

乔家大院的布局深受当地自然条件的影响，因此具有地域性。

第四节 乔家大院的人文环境

恢弘的乔家大院带动了大院地域文化的发展，为当时山西本土文化的地域发展奠定了一定的物质基础。乔家大院包含了这片地域的居住文化、饮食文化、服饰文化、节日文化、艺术文化等，也包含了所有反映晋中地区特点的地域文化，也成就了当地深厚的人文环境。

一、乔家大院文化艺术

（一）乔家大院体现的晋商文化

乔家大院初建于乾隆年间，当时修筑了两个大院，光绪年间增建了三座院落，至民国初年完成，当时正值我国造园艺术的高峰期。乔家大院虽是一座民宅，却有自成一城的气势，无不显现出晋中文化的特征。

晋商是对中国经济的发展产生了深刻影响的商帮，祁县的商人十分尊崇儒家文化，孔子把智、仁和勇作为君子人格的三要素，并认为这三个要素是相辅相成、互相补充的。尊崇儒家思想的晋商，不仅在商业操守中恪守规范，将其篆刻在住宅的匾额、楹联上，在平时的人格修养中也严格要求自己及后人，被世代尊称为儒商。

在长期的经营活动中，晋商的文化和精神发展出丰富的内涵，是对我国"儒商文化"的继承与发展。作为恪守礼仪传家、尊师重教、树人为本的文化世家，乔氏家族创造出"学而优则贾"的治家家训，乔家大院经过几代人的陆续修建，不仅使乔氏宅院具有功能齐全的庄园特性、井然有序的中华礼仪传统，而且有着典雅浓郁的儒家文化品味。中国的传统文化以儒家文化为典型，兼有佛家和道家的思想，直到今天对于中国文化的发展依然具有极其深刻和广泛的影响，在儒家思想文化的熏陶下进行商业经营的人被称为儒商，晋商是中国儒商发展史上的典型代表。晋商的发展对山西的商业文化也起到了推广和传播的作用，用儒家的思想文化来引导、规范和约束自己在商业活动中的行为方式、经营理念和价值取向，将"仁、义、礼、智、信"的思想充分运用到商业经营活动中去，形成了山西特有的商业经营理念和价值观，由此建立起来的商业思想文化体系包含了民族性、历史性、社会性与实践性，具有明显的地域商业文化特征。晋商文化把传统文化中的精髓思想"仁、义、礼、智、信"渗透到山西人的血液中，成为山西人的灵魂，使得晋商的经营活动能够延续几百年而长盛不衰，经营范围扩大到国外。

（二）票号文化

票号即票庄、汇兑庄，主要办理国内外汇兑和存放款业务，是为适应国内外贸易的发展而产生的。以前用起镖运送现银的办法，费时误事，开支大，不安全。在嘉庆、道光年间，民间有了信局，通行各省，官吏及商人迫切要求以汇兑取代运现，遂出现了票号。

票号办理汇兑、存放款，解决了运送现银的困难，加速了资金周转，促进了商业繁荣。明清时期山西以经商著称于世，尤以票号闻名，其中祁县乔"在中堂"开办的大德通票号可谓晋商之冠。乔家的票号当时发展迅速，究其原因是乔氏家族与官府结交，乐于扶助民族工商业的发展，在无形中为乔家票号发展创造了便利的条件，他们能够把商业的发展与民族利益结合起来，一定程度上促进了民族工商业的发展，也推动了自身票号的迅速发展。

票号之所以能够受到当时商人的推崇和信赖，这与乔家一直奉行"信""义""利"的经商之道是密不可分的，乔家大到客户的存款、借款，小到口头答应别人的事情，都会说到做到，十分重视自己的信誉。1930年中原大战后，晋钞严重贬值，大德通票号本可以按照2比1的汇率为储户兑换新币大发横财，可票号并没有把利益放在第一，而是不惜动用历年公积金，在存款户提取存款时，不让储户受到晋钞贬值之亏，维护了大德通的信誉（图1-2）。

正是这种信誉至上、诚信为本的精神，乔家票号从商贸到金融，最终实现了

"货通天下""汇通天下"（图1-3）。这种以义制利的观念也正是乔家雄据商界长达200年之久的根本原因。

图1-2 大德通票号

图1-3 "汇通天下"匾额

晋商票号的产生在中国金融史上具有里程碑式的意义，在中国金融行业的发展历程中，山西票号的地位不容忽视。晋商票号从创立之初到全盛时期，在全国实现了"汇通天下"的历史性格局，之后出于政治原因和自身发展的不足与困境，在一百多年后便走向衰落。

（三）三雕艺术

乔家大院不仅有着雄伟壮观的气势，大院内也处处可见精美绝伦的装饰雕刻艺术。乔家大院主要有砖雕、木雕、石雕、彩绘和匾额楹联等装饰方式，而其中的三雕艺术可谓世界一绝。

乔家大院大门对面就是一幅大型的砖雕"百寿图"，每个寿字形态各异，有百种象征意义。在一院照壁福德祠、二院大门口、祝寿院、明楼走廊、四院门、五院南房女儿墙上、六院的偏院门两侧和街门对面照壁等地方，都有栩栩如生的砖雕图案。大院的木雕图案多在门楼和门窗上，造型主要以喜、寿、光明、富贵等图案为主。如祠堂花板以"柳"为主题，柳树发芽寓意冬去春来，新的一年又开始了。二道门花板中间雕有福禄寿三星图，福禄寿三星是我国民间最喜欢的三位神仙，一个抱着小孩，寓意多子多福，中间是个戴着官帽的，表示官禄兴旺，拄着拐杖的是表示长寿的老寿星。两边有兰花，表示君子，有水仙花，表示淑女，两边垂花柱顶端是门灯，表示"前程光明"。二院二门、三门花板、明楼院正门、四院知足阁、五院街门上的九狮，南厅门楼花板中间的天王送子、六院街门花板中间的麒麟送子、天王送子图都表示家族兴旺发达。石雕图案多以动物为主，图案较多，如一院二道门口的二狮护门，三道门柱基石的福禄寿喜，还有灵仙祝寿。三院大门口门墩上的安居乐业图。

在砖雕、木雕、石雕中大多包含鱼、龙、凤、麟、富贵长寿、多子多福、延年益寿、马上挂印、渔樵耕读，琴棋书画，四季花卉、葡萄百子等吉祥图案，在建筑艺术中表现得淋漓尽致，处处透露出美好的期盼与祝愿。

三雕艺术是古代文人、画家和雕刻艺人思想与智慧的结晶，其雕刻手法精湛、构图整齐规范、形象鲜活生动，是中国传统装饰艺术的精品之作，承载了丰富的传统文化意蕴。❶

二、文化的要素、功能对乔家大院创意景观设计的重要性

（一）文化的要素

文化是一个系统，通常包含三个层次的内容：一是人与物的关系；二是人与社会的关系；三是人与自身心理的关系。根据这三个关系可以将文化分为三个层次。第一层次是物质文化，包括人类所创造发明的物品，如通信工具、生产工具、交通工具等所有与人类行为相关的物质形态产物；第二层次是社群文化和伦理文化，人类作为一种群居动物，个体与个体、个体与群体之间，以及群体与群体之间的关系，便构成了带有调节作用的秩序、道德、伦理、法律等；第三层次是精神文化，随着现代人生活水平的逐步提高，人们不满足于生活上的基本需

---

❶ 李娜. 乔家大院建筑风格的美学阐释［D］. 西安：陕西师范大学，2008.

求，在精神上有了更高的追求，如文学、音乐、表演、书画等。文化体系也是由多个要素组成的，包含以下几类。

1. 精神要素

文化第三层次的内容主要是指在这个层次上创造出区别于物质层次和制度层次的精神内容，其中的价值观是最重要的，是精神文化的核心内容。如今物质产品已极大丰富，精神上的追求和享受已成为现代人生活的主旋律。在城市中由于居民生活空间范围狭小，再加上噪声、废气、拥堵、人际关系的生疏等问题，城市园林景观的设计就显得尤为突出和重要。

2. 语言和符号

语言和符号是人们日常生活中进行信息传递的重要工具，进行沟通交流的桥梁，可以穿越时空的一座桥梁。考察学者通过遗留下来的语言和符号来探索另一个时空里的世界。人类借助语言和符号来进行有效的沟通及互动并创造出了文化。语言和符号也是文化积淀和储存的手段，包括文字、图形、图画及多媒体影像资料等。景观也可作为一种语言和符号，设计师将一种大众易于理解和接受的设计理念融入景观设计和建造中，游人在游览景观过程中细细解读设计师的思想理念。因此，景观也是设计师与体验者之间沟通的桥梁，设计师设计水平的高低及对大众思想和心理的解读决定了沟通的有效与否。

3. 规范体系

规范是人们行为的准则，具有约束作用，构成了一个社会的基础，也是社会走向文明的标志。它包括秩序、习俗，以及各种规章、制度、法律条文等。各种规范相互联系、渗透和补充，维持了社会的稳定有序、规范了人们的行为活动，推动社会和谐发展。景观设计的服务功能首先是从景区的道路系统开始规划的，道路系统是景区的神经网络，合理的规划设计便于游人高效地与景观进行沟通，对游人的游览行为也产生了一定的规范作用。

4. 社会关系和社会组织

构成社会的基础是社会关系。社会关系是文化的一部分，也是各种文化要素产生和创造文化的基础。社会关系存在的形式为组织，人类个体在不同的组织中可以进行不同的角色扮演，社会组织包括家庭、单位、公司、学校、政府、军队等。其中广场、公园、各种景观绿地都可成为组织活动的公共场所。

5. 物质产品

物质产品是指在经过人类改造的自然景观环境和由人类创造出的物品中所有的有形产品，如器具、服饰、工具，包括景观环境等，是人类文化的有机组成部分。

（二）文化的功能

文化是一种精神力量，是人类意识的外在表现形式，能够在人们认识世界、改造世界的过程中转化为物质力量，对人类社会的发展产生深刻影响。文化的功能是将文化间的各种要素进行有效结合并对人类和社会产生作用。

1. 文化的社会整合功能

（1）价值整合。

价值整合是文化整合功能中最基本、最重要的功能。当价值一致时，结构与行为才能协调，进而产生共同的社会生活。在社会中不同的人会有不同的价值观，经过文化的统一熏陶后，在社会生活的基本方面、形式、观念上会基本一致。

（2）规范整合。

规范是由价值需要产生的，经过对文化的整合达到系统化，并协调一致。文化的社会整合功能能够将规范逐渐转化为个人日常生活中的行为准则，进而社会成员的行为便会进入有规律的轨道和模式之中，这样维持、改进了社会的规则和秩序。

（3）结构整合。

社会是一个多元化的结构系统。社会的差异性越强，其分化程度也会越高，多元结构也就变得越复杂，因此，文化的结构整合作用也就更为重要。

2. 文化的导向功能

维持社会的秩序需要对功能进行整合，而导向功能则能够推动社会的进步。每个社会都有自己的导向系统，如教育系统、科学研究系统、管理系统和医疗卫生系统等。文化在社会导向中的功能包括：

（1）提供知识。

新的知识是社会发展的动力源泉和风向标，起着社会导向作用，新的知识不仅是原有理论、科学技术层面上的突破，还依赖文化上的发现与创新。

（2）协调社会工程管理。

一个科学的、完善的社会系统工程，能够有效推动社会进步，这一系统主要包含决策、规划、组织、实施等阶段。每一个阶段涵盖多个子阶段、子系统，各阶段和各系统间相互配合共同完成文化调试。

（3）巩固社会导向的成果。

文化的孕育是一个漫长的积累过程。在一定阶段内社会发展所取得的新成果，离不开新政策、新制度的巩固，在新制度中形成的文化通常是具有整合协调作用的，反过来维持制度的稳定。

（三）文化的负功能

文化具有正负向两种功能。正向功能可以维持社会的和平稳定发展，负向功能则能打破旧的秩序。负向功能对社会发展也有正负两方面的作用，负面作用较为常见，如各种违法犯罪和破坏活动；正面作用具有打破腐朽势力、促进新体制新文化产生的作用，从而成为社会蜕变的一个有力助推器。

乔家大院的建筑将浓厚的建筑美和人文美巧妙地结合在一起。无论在规模上、布局上还是建筑装饰上，都充分体现了我国清代民居建筑的独特风格，被称为"北方民居建筑的一颗明珠"。

第五节 乔家大院建筑的总体布局

清代是晋商的辉煌时期，有半数以上的祁县人口从事商业活动，最多的时候，祁县店铺林立，行业齐全。在民国初期，有多达两百余家的商号在祁县城设店，可以比肩今日的华尔街。祁县的商号遍布全国各地，甚至国外也有票号。特别是在清光绪初年，票号业兴盛，不少商家获利后，转而经营票号，当时祁县票号就有"汇通天下"之称。祁县晋商大户的住宅以深宅大院居多，巍峨又形似城堡的住宅可以保证家中银库的安全，达到防盗的需要。同时，大院内部的深邃、幽静既可满足家族聚居的要求，又满足了保护小家庭隐私的需要。其中乔家、渠家、何家的商业资本最为庞大，是行业的龙头。历史上的乔家以经商为主，主要经营票号。经商致富后的乔氏家族和众多的山西成功商人一样，也在自己的故乡开始了大规模的宅院建设。

一、建筑的整体布局

从外观上看，乔家大院是一座厚重方正、布局规整的全封闭式建筑（图1－4）。大院布局严谨，设计精巧，建筑考究，规范而富于变化，不乏整体美感，乔家大院像一个敦实的、封闭的堡垒矗立在祁县大地上。整个乔家大院包括6处院落，含20小院，313间房，占地8700多平方米，院落成双"喜"字分布。东墙开城门洞式券门，门楼高耸，门内一条宽7米、长80余米的甬道，自东向西延伸，各有三处院落在甬道两边分布，将整座宅院分为南北两个部分。甬道两侧分别有三处院落，甬道尽头是祖先祠堂，与大门相对，为庙堂式结构。每个大院的院落中，都有一条"中轴线"作为空间上的对称，这也是一种组织形式，使大院的空间有条有理，同时并不缺少律动与美感。依照传统的叫法，北面的三处大院有三大开间，方便车轿出入，从东往西依次叫老院、西北院、书房院。南面三个大院依次为东南院、西南院、新院。

图 1-4　乔家大院建筑整体布局

从鸟瞰图上看，"中轴线"的运用，无形中给进出的行人以清晰的指向性。在各个院落中，主楼、过厅、门等通常是在区域的中间，基本都是具有重要功能的建筑在中轴线上，侧轴上通常排列其他住屋、书房、杂屋等，使得院落的空间位序更为明显。所有院落的布局都是正偏位置，正院是乔家的主人居住，偏院则是客房佣人住室及灶房。在建筑的设计上，偏院就较为低矮，房顶结构也不相同，正院是瓦房出檐，偏院则是方砖铺顶的平房，表现出中国传统伦理观念上的尊卑有序，在建筑设计上表现出了丰富的层次感。大院内的主楼有四座，而门楼、更楼、眺阁是六座。在各院的房顶之上走道都是相通的，这方便了夜间巡视对整座乔家大院的看护。

大院的方位三面临街，周围没有与民居相连。外围的封闭砖墙，高达10米，上层有女墙式的垛口、更楼、眺阁点缀于院落之中，让人看后无不赞叹气势宏伟，威严高大。大门坐西朝东，上有高大的顶楼，中间有城门的门道，大门对面是一座砖雕工艺的百寿图照壁。砖石木雕，工艺精湛，充分显示了我国古代劳动人民高超的设计工艺和智慧，在中国建筑史上占有一席之地。

大院的房屋朝向受到中国传统风水观的影响。中国传统风水观即选择建筑地点时，对气候、地址、地貌、生态、景观等因素的考究，以及布局、某些技术的运用和种种禁忌的总结。晋商对选址十分重视，要能够藏风聚气，风水要好，古人认为家族的繁荣昌盛受住宅的影响很大，宅址主吉，家族就会幸福安康，反之则不幸。❶ 因此，房屋的选址、地形的勘探、环境的考察，都会有风水先生帮

---

❶ 程建军. 藏风聚气风水与建筑［M］. 北京：中国电影出版社，2005.

助，这也是当地人心照不宣的做法。大院在整体布局上考虑到了人与自然的和谐，"坐北朝南"是古人根据大自然的规律总结出的最为精辟的四个字，集中体现了古代劳动人民的智慧。同时，南北两院的门相互错开，还增设影壁，从建筑布局上和谐统一。

乔家大院整体布局严谨有序，设计精妙，建筑考究，精工细作，斗拱飞檐，从数量上来看，其建筑的房间数大都是奇数，其讲究是"奇吉偶凶"。同时序位、辈分也十分受重视，即前卑后尊，上尊下卑，高尊低卑。位于大院中心的、地势最高的、门窗朝南的房间，往往是地位较高的长者的住处，晚辈则依次居于厢房，耳房住仆人。

二、建筑的单体布局

大院局部建筑各具特色。庭院结构有四合院、穿心院、偏正套院、过庭院等；屋顶造型有悬山顶、歇山顶、硬山顶、卷棚顶及平屋顶，如果从房顶上统观全院，大院的屋顶大都是单侧的斜坡式屋顶，单坡屋顶的坡面向院内倾斜，后檐升高，与外墙相接汇成一线，这样做既可以起到防盗的作用，还能充分对院内的人进行保护，在雨水到来时，使雨水尽可能地流入院内，一定程度上也弥补了当地缺水的状况，人们称其为"四水归堂"。那高的、低的、平的、凸的、垂弧的、上翘的、有脊的、无脊的，会使你眼花，有置身官殿之感；院门造型，有双翅角门、芜栏半出檐门、硬山顶间山门、檐门、砖雕跨门等；窗户形式多样，有仿明朝棂月窗、条栅窗、通天隔棂窗、双开扇窗、挑启窗。精美的砖雕艺术在乔家大院里随处可见，有脊雕、壁雕、屏雕、栏雕等。乔家宅院的木雕艺术品有300余件，无一雷同。各院上下门框都有木雕的人物故事，如天官赐福、招财进宝、麒麟送子等，柱头木雕有八骏、松竹、葡萄、佛手、垂莲等。雕刻内容非常丰富，有荷盒（和合）仙、三星高照、四季花卉、五蝠（福）捧寿、鹿（六）同春、梅兰竹菊、文房四宝、喜鹊登梅等吉祥花卉、灵物，俯拾皆是。在大门横木的四个门簪上，刻有形态各异的四时（狮）如意图；在过厅隔棂上，则有大型浮雕八仙献寿。乔家堡的烟囱格外引人入胜，房顶上那140多个烟囱的造型，各不相同，各具精神。门楼、屋舍、照壁等建筑形式和庭院内的雕刻艺术，对渲染乔家的文化品味起了决定性的作用。由于大清品秩与体制所限，不允许修建重檐，否则这座大院或许会更有风采。

对于所有房间而言，正房是所有大院中最重要的，因此正房的外形也比其他房间宏伟，建造的等级也较高（图1-5）。在那个时期，正房肩负着接待宾客、操办婚礼的使命，为了配合正房的用途及地位，周围的房屋也要比主院低些，采取递进式，准确来说是将其分为三级，寓意"连升三级""步步高升"，这饱含着人们的精神寄托；其中最具代表性的主楼非统楼和明楼莫属，它们是东北和西北院的主楼，都是二层的单体，进门处还有精美的门罩。统楼有窗无门，墙体厚、窗户小，从上到下都是青色的砖，里面隐藏着木质结构；明楼的二层则建有前檐廊，廊柱上还雕刻有雕花雀替，加上彩绘的使用，使整个明楼看起来高大而美丽。

图 1-5 静怡楼

三、空间布局

尽管这座宏伟的建筑历时百余年建成，然而从建筑工艺到建筑风格都保持了前后一致。在空间布局上乔家大院属于典型的窄院型四合院。这种四合院风格结构受北京四合院和陕西关中等民居院落建筑风格的影响，内院比例关系则受地区自然环境、社会文化和经济条件等因素的影响。从窑洞式大门进去，一条石条铺的甬道将北面的老院、西北院、书房院和南面的东南院、西南院、新院分置两边。每个大院由三五个小院组成，院中有院，院中套院，所有院落都是正偏结构，正院为主人居住，偏院则是客房或仆佣居住处及居室必备的灶房。庭院建筑高低错落，正院高大，偏院低矮；房顶结构等级分明，正院都是瓦房出檐，偏院则是平房。这既表明了中国传统伦理观念上的尊卑有序、长幼有别，又体现了建筑艺术中的韵律美和质感美。

乔家大院可以说是若干个四合院通过一条大路和几条小路，连接在一起的大院落。乔家大院共计六个庭院，院落大都为四合院，是多进式，可以理解为进了一个院子还可以进一个院子，院与院互相衔接。因为北方植物生长期短，加上内院空间有限，因而院内种植花草较少，地面上铺满了方砖，这样既不会遮挡阳光射入院内，同时也提高了院内的防御性。乔家大院的院落格局是当地居民在特定的自然环境、社会环境和人文环境下设计和建造而成的。

"一正两厢"概括了乔家大院的基本模式，整个院子像是一张电路图，各个房屋好比电子元件、开关等，里边的道路就像导线，最后通过"串联""并联"组合成整个单院。大门为单进院，之后是垂花门、过厅、外厢等，这些为二进院，它们之间为串联关系；与侧院则是并联关系；最后，通过内外院的串联、正院和侧院的并联，像织了张网一样。

"二进双通"是位于南侧的三个院子的特点，新院进门有一个外偏院，要想进入正院，需继续穿过西北方的一个门，与其他的正院一样都是一进式，主室也位于南侧，各有五间厢房分别位于其两侧，又有一道门将外偏院与偏院连接起来，西南院稍有些不同，大门进入正院，正院主室处面有边门通偏院。

"里五外三穿心楼"是东北、西北两个院落的布局规律，分别有八间厢房，厢房与整体建筑抽象化表述可以说是一个相似图形，通过垂花门、牌楼门和过厅将其分割为内五外三的二进院。通过东南大门是一个东西走向的外跨院，正院和偏院的二门同时设立在外跨院。正院是典型的二进院，仅有一道施垂花门，过厅处于北侧，有三间厢房分别位于东西两侧，二进院南北狭长，东西厢房各五间，正房是五开间的两层楼。正院东为偏院，也是二进院，有旁门与正院相通。

第二章　装饰艺术的基本概念

第一节　装饰与装饰艺术

装饰，最早在中国出现于公元5—6世纪，是指修饰、打扮的意思，有着修饰美化的作用。它可以追溯至《辞源》："装者，藏也，饰者，物既成加以文采也。"❶ 装饰的英文为Decorate，在西方最早是指哥特式建筑上窗棂的花样。

装饰有广义和狭义之分。广义上的装饰是指在物品或人的身体上添加的饰物，用以美化人以及各类物体，范围较广，这种装饰几乎可以涉及人们日常物质生活的各个方面，能够适合于一切艺术范畴。如人的化妆、纹身、佩戴首饰、服饰等，以及器物上雕刻的花纹、图案等，家具上涂抹的颜色或雕刻的图案等，建筑上的造型、结构、色彩及装饰纹样等。狭义上的装饰是指对建筑物与空间进行装饰，是人们在具体生活环境中的应用，如有装饰意味的花纹或图形等，具有美化生活环境的作用。

我国南朝宋史学家范晔编撰的记载东汉历史的纪传体史书《后汉书·梁鸿传》中写到："女求作布衣麻履，织作筐绩之具。乃嫁，始装饰入门。"❷ 其意就是修饰打扮的意思。

装饰，是靠风格化的，非写实形式的，是对功能完善的物品再进行精心制作使其达到赏心悦目的效果。装饰艺术即装饰图案的艺术，以其催生出设计者最有创意、最富想象力的设计，设计的目的完全是给人以愉悦，运用装饰的技巧，使一些本身可有可无的东西产生戏剧般的效果，变得充满了激情、美丽、创意的效能。

---

❶ 舒新城，等. 辞海［M］. 北京：中华书局，1947.
❷ （宋）范晔撰/唐李贤等注. 后汉书（全十二册）［M］. 北京：中华书局，2000.

"装饰艺术"一词始于 17~18 世纪，英文为 Decorative Art，主要指依附于某一建筑主体的绘画或雕塑工艺，美化装饰主体，给人们的视觉上带来愉悦。

装饰艺术从内涵上来讲是传播社会观念与思想的媒介，是一种文化现象和社会意识形态，是人类运用一定的审美观念和工艺技巧，对原物质材料进行加工、改造，使其承载人类的审美意识和审美精神，满足人们的视觉与心理需求的一种艺术形式。

装饰艺术是通过使用各种表现技巧和手段对一切物象进行美化，使之符合人们的审美需要的一种艺术。这是人类参照"美的规律"所从事的精神生产，是意识形态的产物，它通过秩序化、程式化、理想化来强调形式与美感，从而成为表达人类审美感受和审美情趣的物化形态。

装饰是对生活的装饰，是人类为了美化自身与环境，创造舒适生活的一种行为本能，体现出人类追求美的天性和创造美的才能，同时也是对人的心灵和社会风尚的影响。它是一种内在的精神力量，是对美好生活的向往和文化自信的体现。

第二节 装饰艺术的产生

装饰艺术最早可以追溯到原始社会的旧石器时代晚期，那时人们赤身裸体地生活在荒芜的树林或黑暗潮湿的山洞中，以猎捕动物和采摘天然植物为生。原始人为了自身的生存开始创造劳动工具，用石头打磨出石刀、石斧等。尽管当时的生活环境极为恶劣，但原始人类已萌发出美的意识，开始将磨制的兽骨或树叶穿起来美化自身，这就是人类装饰艺术的萌芽。在我国河套人遗址中就发现用四周磨平的鸵鸟蛋壳单面穿孔做成的装饰品。在山顶洞人的遗址，挖掘出了七枚大小一致的白色小石珠，这显然是经打磨而成的装饰品。西班牙南部发现的《狩猎图》，用单色平涂剪影式的动物和人物造型，有其明显的图案化特征，体现出人类的概括能力。

"陶器的产生是新石器时代的标志。它不仅是一种实用器皿，而且是一种艺术创作，这是由它造型的艺术素质和器壁上用以装饰的图案花纹所决定的。"❶制陶的发明，不仅改进了早期人类的生活方式，同时标志着人类进入新石器时

---

❶ 曾玮. 平面设计在陶瓷装饰中的艺术表达［J］. 科教导刊·电子版（上旬），2013（1）.

代。彩陶上的装饰图形与纹样记录了新石器时代的文化、经济、宗教、地理等状况，也掀开了中世纪文明史的辉煌篇章。

新石器时代西方的彩陶纹样主要是三角纹、曲线纹、交叉纹、带状纹、旋涡纹、平行线纹等。中国彩陶纹样种类更加丰富，如人物纹、动物纹、植物纹、几何纹等。这些纹样都体现出均衡、对称、单纯、朴素与统一的装饰美感。

第三节　装饰艺术的特征

装饰艺术是一种综合的造型艺术，具有其独特的特征。传统装饰艺术中的很多元素都传承至今，成为现代设计中非常重要的元素。传统装饰艺术可谓博大精深，古人的智慧也异常高超，创造了许多让处于信息科技发达时代的我们都惊叹的艺术。比如龙的形象一直沿用至今，为很多设计领域提供富有内涵的形象元素。民间剪纸、刺绣、泥塑和陶器等艺术形式也为现代装饰艺术设计提供了多彩的可设计性元素。如今，作为艺术设计者和创作者，应以史为鉴，在深入学习传统艺术的同时，挖掘传统装饰艺术的内涵，汲取传统艺术之精华，才能更好地、创造性地运用于设计之中。

一、造型性与凝固性

装饰艺术作为一种空间艺术形式，属于造型艺术的范畴。设计者通过运用夸张、变形、抽象等手段，用线条、色彩等方法，用泥土、木石、金属等材料在立体的空间中创造出二维或三维的形象。装饰艺术造型所使用的物质媒介及设计者的造型观念与技巧，决定着装饰作品的审美意蕴。装饰艺术塑造的是静态的空间形象，是装饰对象运动中某一瞬间的形象，因此具有凝固性。

二、幻想性与情感性

装饰艺术与绘画的再现不同，通过设计者的某种意识和情感创造出充满想象力的视觉形象，这种视觉形象不受客观现实的制约，可以海阔天空，也可以天马行空，体现出装饰艺术设计者内心的想象。如青铜器上的饕餮纹、龙纹、凤纹等，都是当时人类幻想出的动物形象。器物上图案的添加是为了增加视觉效果，传递艺术情感。

三、平面空间性

民间剪纸源自民间、取材于生活，是农村妇女在空闲之余进行创作的艺术品，不仅有实用性还有装饰性。可以毫不夸张地说，在全国各地都能见到剪纸，受地域文化、民俗的影响形成了不同地方风格与流派，这已成为我国传统文化中最具特色的文化之一。其表现语言，不仅能够展示群众的审美爱好，还传达出整个民族的社会深层心理，民间剪纸艺术的造型特点及其所传达出的丰富内涵尤其值得进行深入研究。

民间剪纸是中国哲学本源的体现，在表现形式上具有中国传统民间技艺的全面、美化、吉祥的特征，同时民间剪纸也有着用自己特定的表现语言，传达出的是传统文化的内涵和本质。

四、独立性

装饰艺术具有双重属性，一方面它必须依附于建筑、雕塑、服装、器物等主要对象，从审美的角度来呈现主要对象的特点、风格、功能及价值；另一方面，装饰艺术也可从建筑等主体中脱离出来，显示出自己独特的审美价值。

五、思想性、文化性与心理性

装饰艺术的发展与风格的演变是伴随着人类物质文明和精神文明的发展而发展的，并有其鲜明的时代特征与印迹，是当时文化面貌的形象写照。

清华大学美术学院教授李砚祖在《艺术设计概论》一书中写道："在文化的层面上，装饰是文化的产物，亦是文化的一种艺术存在方式。装饰作为文化，首先因为装饰作为人类行为方式和造物方式所具备的文化性和文化意义，二是装饰作为装饰品类而存在所具有的文化意义。"❶

六、地域性与本原性

装饰艺术的地域性是指不同地域因所处的位置不同、气候和社会经济发展水平的不同所导致的装饰艺术水平、装饰风格和装饰功能的差异，形成每个地区独有的文化特征与人文环境。装饰艺术的本原性是指每个民族文化特有的美学观、

---

❶ 李砚祖.艺术设计概论［M］.武汉：湖北美术出版社，2009.

感情气质、民族精神、心理素质，是一个民族特有的文化基因。反映在装饰艺术所呈现的独特造型方式和色彩体系中，如希腊瓶画、埃及的草纸画、中国的青铜纹饰等，都具有很强的本原性特征。这种装饰艺术是一个民族独有的，反映了其民族本原文化的内涵和艺术形态特征。

七、历史性与广泛性

装饰艺术的发展历史悠久而辉煌，人类社会的每个阶段都有其独特的装饰艺术形式产生与存在，有明显的时代感。例如，中国新石器时代的彩陶，商周青铜器，汉代的画像石、画像砖等，都是时代所特有的装饰艺术形式和文化内涵积淀。无论社会如何发展，它们的文化内涵和艺术魅力不会被埋没，会永远放射出光芒。装饰艺术的广泛性有两方面的含义：一是指应用范围广，二是指参与人数多。装饰艺术涵盖人们生活的方方面面，如衣食住行、生产生活、人生礼仪、宗教信仰等。装饰艺术的创作者是民众，他们中有专业艺术家、美术教师、艺术院校学生，但更多的是普通群众。人们为了满足自身和社会大众的社会生活需要创造各种视觉艺术形象，具有广泛性的特征。

第四节　装饰艺术的种类

装饰艺术在人类社会发展中逐渐形成了多样化的特征。装饰艺术的多样化，根源于客观社会物质生活的丰富多彩和各时代审美创造能力的提高。人类社会多样的审美需求、大自然的多姿多彩和科学技术水平的不断进步，为装饰艺术的多样化发展提供了有力的物质保障和精神动力，各个时代的人们利用不同的媒介材料与手段，创作出多种多样的装饰艺术。装饰艺术有不同的分类方法，依据分类标准的不同，分类也有所不同。

根据物质材料或媒介划分，装饰艺术可分为陶瓷艺术、纤维艺术、染织艺术、刺绣艺术、漆艺术、金属艺术、玻璃艺术、布贴艺术、剪纸艺术等。

根据用途划分，装饰艺术可分为陈设装饰艺术、日用品装饰艺术、建筑装饰艺术、环境装饰艺术等。

根据呈现方式划分，装饰艺术可分为装饰画、壁画、壁饰、壁毯、雕塑工艺品、陶瓷艺术、漆艺术、金属艺术、玻璃艺术、纤维艺术等。

根据历史进程划分，装饰艺术可分为传统装饰艺术和现代装饰艺术。

根据表现形式划分，装饰艺术可分为平面装饰、立体装饰。平面装饰如装饰画、壁画，立体装饰如装饰雕塑、工艺品等。

　　如乔家大院有栩栩如生的各种人物、动物、植物的雕刻作品，载体有石砖、木制、泥塑等。还有布艺术的老虎、龙、鸡、服饰等，各种带有本地特色的剪纸艺术作品。

第三章　装饰艺术在景观设计上的表现

第一节　景观与景观设计

景观，"景"为静，为事物。"观"为动，为神思。景观是指多种功能（过程）的载体，可理解和表现如下：景观是审美的，景观是体验的，景观是科学的，景观是有含义的。

景观从广义角度来说，即我们人眼能看到的一切自然物与人造物的总和，从狭义的角度来说，即经人类创造或改造而形成的城市建筑实体之外的空间部分。

景观设计是将建筑、道路、水体、环境设施等要素进行综合的空间创作艺术。

景观设计也是将土地及景观视为一种资源，并依据自然、生态、社会与行为等科学的原则，而形成一门以从事景观规划与设计活动的艺术性学科，该学科意图是在人与资源之间建立一种和谐、均衡的整体关系，它与人们在精神上、生理健康与福利上的精神需求相符合。

景观设计学是科学与艺术相结合的学科，这门学科解决关于有效地组合土地及土地上的物体和空间，为人们营造更为安全、高效、健康和舒适的环境的问题。该专业在国际上称为 Landscape Architecture，由被称为"美国景观设计学之父"的奥姆斯特德的儿子小奥姆斯特德于 1901 年在哈佛大学创立。

第二节 景观设计的表现

一、在景观建筑上的表现

1. 游憩类

游憩类建筑分为科普展览建筑、文体游乐建筑、游览观光建筑、建筑小品四类。科普展览建筑是指供历史文物、文学艺术、摄影、绘画、科普等展览的设施。文体游乐建筑包括园艺室、健身房、康乐厅等。游览观光建筑是供人休息赏景的场所，本身也是经典或称为构图中心。建筑小品是指小而简的建筑，既有功能要求，又具有装饰和美化作用。景观建筑的主要形式包括亭、廊、榭、舫、厅堂、楼阁等。

亭是景观中最常见的一种景观建筑。亭在景观中有显著的点景作用，多布置于主要的观景点和风景点上，是增加自然山水美感的重要点缀，设计中常运用对景、借景、框景等手法。亭的形式很多，从平面上分有圆形、长方形、三角形、四角形、六角形、八角形、扇形等。从屋顶形式上分有单檐、重檐、三重檐、钻尖顶、平顶、歇山顶等。从位置上分有山亭、半山亭、桥亭、沿水亭、廊亭等。

廊是建筑物前后的出廊，是室内外过渡的空间，是连接在建筑之间的有顶建筑物，可供人在内行走，起导游作用，也可停留休息赏景。廊同时也是划分空间、组成景区的重要手段，本身也可成为园中之景。现在廊可作为公园中长形的休息、赏景的建筑，和亭台楼阁一起成为建筑群的一部分。在功能上它除了休息、赏景、遮阳、避雨、导游、组织划分空间之外，还常设有宣传、售卖、摄影内容。

榭在景观中应用极为广泛，以水榭居多，临水建筑，用平台深入水面，以提供身临水面之上的开阔视野。水榭立面较为开敞、造型简洁，与环境协调。现存古典园林中的水榭实例表现出的基本形式如下：在水边架起一个平台，平台一半伸入水中，一半架于岸边，平台四周以低平的栏杆围绕，平台上建一个木构架的单体建筑，建筑的平面形式通常为长方形，临水面特别开敞，屋顶常做成卷棚歇山式样样，檐角低平轻巧。

厅堂是古时会客、治事、礼祭的建筑。一般坐北朝南，体型高大，居景观中的重要位置，成为全园的主体建筑，常与廊、亭、楼、阁结合。厅堂是景观中的主要建筑。"堂者,当也。为当正向阳之屋。以取堂堂高显之义。"厅堂大致可分为一般厅堂、鸳鸯厅和四面厅三种。鸳鸯套厅是在内部用屏风、门罩、隔扇分为前后两部分,但仍以南向为主。四面厅在景观中广泛运用,四周为画廊、长窗、隔扇,不做墙壁,可以坐于厅中观看四面景色。

楼阁与堂相似,但比堂高出一层,其四周都要开窗,是造型较轻巧的建筑物。楼阁在景观中的作用是赏景和控制风景视线,它常成为全园艺术构图的中心,成为该园的标志,如颐和园的佛香阁。阁是景观中的高层建筑,与楼一样,均是登高望远、游憩赏景的建筑。

2. 服务类

景观中的服务类建筑包括餐厅、酒吧、茶室、接待室等,这类建筑对人流集散、功能要求、服务游客、建筑形象要求较高。

二、在景观环境设施上的表现

设施景观,又称"城市家具"。主要指各种材质设置的公共艺术雕塑或者与艺术化的公共设施,如候车亭、电话亭、座椅、垃圾箱、指示牌、路标等设施。这些作为城市景观设施中不太引人注目的小元素,却又是城市生活中不可缺少的设施,是构成室外环境的一个重要组成部分。还有一些大型设施在人们生活中具有着重要角色,如花园、娱乐场、运动场等。这些设施无论大小,都已经成为城市整体环境的重要的一部分,也是城市景观营建中不容忽视的环节,所以又被称为"设施景观"。按照设施景观的服务用途,可以将景观分为五类,即休憩设施、服务设施、信息设施、卫生设施、交通设施。

景观小品与设施,是指城市空间中的空地、绿地专供人们休息、环境装饰、景观展示的构筑物,是构成景观不可缺少的组成部分,它的设计与放置能使景观更富有表现力。景观小品一般是没有内部空间的,具有体形小、造型精、数量多、分布广的特点,还具有较强的装饰性。这样既能与周边环境相互协调、相得益彰,又能让人们有身在其中的深入感、参与感。其主要分为休憩、装饰、展示、服务、照明等几大类。

"小品"作为一种艺术形式早已经渗透于景观设计之中,通过景观小品的设计获得更多的人关注,可以为人们带来优雅的周边环境,还可以有效提高景观设计的氛围。虽然景观小品属于景观设计中的小型装饰设施,但是,它的影响之巨,作用之大,甚至胜过景观主体周围的其他的景观设计。一个构思精妙、设计精巧、造型精致的景观小品,可以说是整体景观设计的点睛之笔、精彩之处,对于提高人们的生活情趣和生活环境起到了重要的促进作用。

小品，在景观设计中的功能与形式是多种多样的，所形成的灵活性也是很大的特点，可以说是无规可循，构园无格。无论是设计的规模还是形式，都是不拘一格的。因此，在现代景观艺术设计领域，设计师们的构思空间是无限的，而小品设计也应朝科学、艺术以及个性化的方向发展。❶

1. 休憩类景观小品

休憩类景观小品包括园凳、园椅、园桌、遮阳伞、遮阳罩等，它们直接影响到室外空间的舒适度和愉快感。休憩类景观小品的主要目的是提供一个干净又稳固的地方，供人们休息、遮阳、等候、谈天、观赏、看书或用餐之用。

2. 装饰性景观小品

装饰性景观小品包括花钵、花盆、雕塑、花坛、旗杆、景墙、栏杆等。在景观中起到点缀作用的小品，装饰手法多样，内容丰富，在景观中不可或缺。

3. 展示性景观小品

展示性景观小品包括指示牌、宣传廊、告示牌、解说牌等，是用来进行精神文明教育和科普宣传、政策教育的设施，有接近群众、利用率高、灵活多样、占地少、造价低和美化环境的优点。一般常设在绿地的各种广场边、道路对景处或结合建筑、游廊、挡土墙等灵活布置，根据具体环境情况，可做直线形、曲线形或弧形，其断面形式有单面和双面，也有平面和立体展示之分。

4. 服务性景观小品

服务性景观小品包括售货亭、饮水台、洗手钵、垃圾箱、电话亭、公共厕所等，体量虽然不大，但与人们的游憩活动密切相关，为游人提供方便。它们集实用功能与艺术造景于一体，在景观中起着重要的作用。

5. 照明用景观小品

灯具也是景观环境中常用的室外家具，主要是为了方便游人夜行，点亮夜晚，渲染景观效果。灯具种类很多，分为路灯、草坪灯、水下灯以及各种装饰灯具和照明器。

三、在景观铺装上的表现

城市道路除提供交通功能外，还兼具多种功用，它是城市居民的主要活动的空间之一。景观铺装的环境艺术目的就是创造出优雅而舒适的景观环境，用以满

❶ 邓捷. 小品在景观设计中的作用［J］. 现代园艺，2013（16）.

足人们对城市环境的需求，不断营造出温馨适宜的生活空间和城市环境，营造温馨适宜的交往空间，创造生活情趣，大大提高人们的生活质量。

铺装是用各种材料进行地面铺砌装饰，包括园路、广场、活动场地、建筑地坪等的铺装。铺装在环境景观中具有极其重要的地位和作用，它是改善开放空间环境最直接、最有效的手段。铺装景观强烈的视觉效果让人产生独特的感受，满足人们对美感的深层次心理需求，在进行各种公共活动时，使街路空间成为人们喜爱的城市高质量生活空间。同时，铺装还可以通过特殊的色彩、质感和构形加强路面的可辨识性，对交通进行诱导和各种暗示，从而进一步提高城市道路交通的安全性能。❶

四、在景观水体上的表现

城市会因山而有势，因水而显灵。为表现自然，水体设计是景观设计中最主要的因素之一。不论哪一种类型的景观，水是最富有生气的因素，无水不活，水体设计是景观设计的重点和难点。

水体的形式可划分如下：

（1）按水体的形式分为自然式的水体、规则式的水体。

（2）按水流状态分为平静的水体、流动的水体、跌落的水体、喷涌的水体。

（3）按水体的使用功能，水体可设岛、堤、桥、点石、雕塑、喷泉、种植水生植物等，构成不同的景色。

水具有独特的质感，是其他要素无法比拟的质感。主要表现在水的"柔"性，与其他要素相比，山是"实"，水是"虚"，山是"刚"，水是"柔"，水与其他要素相比具备独特的"柔"性，即所谓的"柔情似水"。水具有丰富的形式，水本身无形，但其形式却多变，随外界而变。水的形态取决于盛水容器的形状不同，决定水的形式的不同。水具有多变的状态，水多变的状态与动静两宜都给景观空间增加了丰富多彩的内容。水还可与其他要素结合发出自然的音响，如惊涛拍岸、雨打芭蕉等，都是自然赋予人类最美的音响。利用水的音响，通过人工配置能形成景点。水具有其他要素无可比拟的审美特性，在景观设计中，可以通过对景物的恰当安排，充分体现水体的特征，充分发挥景观的魅力，予景观以更深的感染力。

---

❶ 吕澍．现代园林景观中铺路设计的重要性［J］．华东科技：学术版，2013（3）.

五、在景观植物上的表现

植物在景观设计中主要发挥以下三种功能。

1. 建造功能

建造功能指的是植物能在景观中充当像建筑物的地面、天花板、墙面等限制和组织空间的因素。植物的建造功能包括限制空间、障景作用、控制室外空间的隐私性，以及形成空间序列和视线序列。通过植物限制可以改变一个空间的顶平面。除此（运用植物材料造出各种具有特色的空间）之外，它们也能用植物构成相互联系的空间序列。景观植物障景，是以一种植物材料作为屏障，借助于植物材料建造出不同类型的空间，在一定的程度上能够控制人们的视线范围，将一些俗物屏障于视线以外，而将一些精心设计的美景收于人的眼底。

2. 观赏功能

观赏功能指的是依照景观植物的大小、形态、色彩和质地等特征来充当景观中的视线焦点，也就是说，景观植物因其外表特征而发挥其观赏功能。观赏功能包括作为景点、限制观赏线、完善其他设计要素并在景观中作为观赏点和景物的背景。植物的美学功能主要涉及其观赏特性，包括植物的大小、色彩、形态、质地以及总体布局和与周围环境的关系等，都能影响设计的美学特征。

3. 生态环境功能

生态环境功能指的是景观植物能改善小气候、防治水土流失、涵养水源、防风、减噪、遮阴等功能，还可以提供生物栖息、繁衍、觅食的生存空间，对改善空气质量、维护生态平衡、改善生态环境有着主导的、不可替代的作用。

六、在景观雕塑上的表现

景观雕塑是环境景观设计手法之一。古今中外许多著名的环境景观都采用了景观雕塑设计手法。有许多环境景观主体就是景观雕塑，并且用景观雕塑来定名这个环境，所以景观雕塑在环境景观设计中起着特殊而积极的作用。❶

雕塑有表现景观意境和主题、点缀装饰风景、丰富游览内容的作用。雕塑与景观有着密切的关系，历史上雕塑一直作为景观中的装饰物而存在。景观雕塑在景观中应用很广，其主要作用就在于帮助表现主题、点缀装饰风景、丰富游览内容。雕塑在景观绿地中常做主景，被放置在景观构图的中轴点上及景观的重心

❶ 郭志磊. 环境艺术景观设计中的景观雕塑［J］. 大观周刊，2013（6）.

上。景观雕塑的题材可选择历史上、传统上、思想上与景观性质、地方特色相关联的，从题材上分有纪念性雕塑、主题性雕塑、装饰性雕塑、陈列性雕塑。

第三节　景观与装饰艺术

景观装饰艺术设计是环境的重要组成部分。好的景观设计，可以使杂乱无序的环境变得井然有序，条理清晰。从美学角度来看，"景观"从字面上去理解，给人的感官印象必须是美的，要有一定的审美价值的体现。可能由于社会背景的不同，由于社会地位的不同或者所生活环境的不同，人们对景观的要求也不同，所以对美的感受不同，但是在一定程度上，人与人的审美标准还是可以相互沟通、相互融会的，这种共同的审美体验也就成为我们从事景观设计的人关于美的基础形式。

装饰的图案以点、线、面为构成的概念元素，在设计过程中常以点、线、面的形式出现在画面中，而景观设计的构成要素也同样是以点、线、面的形式为概念元素的。所以，单从这点来看，装饰图案与景观设计本身就有着相同的设计构思形式。

在景观设计中一直被设计师作为装饰要素的是山水、建筑、花草树木、书画墨迹这四种，也是园林的四大要素。

一、山水

由于地壳的变迁形成了不同的地理环境，在形式上多表现为高山、平原、丘陵、江河、湖泊、河流等地理样貌。而我们所说的自然景观便是这些地域的综合体现，同时还体现出不同的审美特点，给人带来不同的美的感受。自然景观千姿百态，而自然界中的水是呈动态形式存在的，在景观设计中水在整个设计构图中起到了穿针引线的作用，把不动的景观巧妙地联系起来。山的材质是硬性的，而水是轻柔的，山水的搭配，本身就是力与美的结合。水由山的阻隔而形成天然的屏障，水围绕山呈现承上启下的构图效果。

二、建筑

建筑从最开始的土质建筑到木质建筑直到后期的砖瓦建筑，反映了当时的社会面貌和发展状况，我们如今有了更为先进和更为高端的建筑材料，但一些历史的痕迹却是无法表现的。当时的建筑风格，也反映了当时的历史和生活方式，以及人们生活水平的基本状况。很多科学家、研究工作者对古代建筑的考察和研究，为以后的景观设计提供了很多借鉴和参考资料。尤其是古建筑中土质结构的建筑是人类最早应用的建筑结构类型之一，原始时期的洞穴就是当时的建筑结构类型之一。时代发展了几千年，古老的土窑洞却形成了一种独特的人文景观。

木质结构的建筑是中国古代建筑的主要结构类型，它超越了土质结构建筑，又上了一个新的台阶，很多精美的图案和花样，特殊的结构类型，都要比土质结构来得精美、细致。

与木结构相比，砖瓦结构在我国古代建筑中，主要是作为木结构的辅助装饰方法使用，其造型多为模仿木质结构，如今，也有很多景观设计中用石头或者一些建筑材料来模仿木质的外形，甚至有种以假乱真的视觉效果。较为讲究的石结构往往会与浮雕相结合，再用各种图案进行装饰，形成了很多民族历史文化风格较强的人文景观形式。

每个民族的生活方式、民族习俗都有所不同，也就导致了多种多样的人文景观，使得人文景观具有了一定的时代性、民族性和区域性，即便是同一个民族在不同时期所呈现的也不相同。

三、花草树木

花草的种类很多，颜色丰富，在景观设计中一直都是不可缺少的景色之一。根据花草本身所特有的色彩，大的面积我们可以把自然景色和人工景观相结合，而小的面积我们可以合理地利用空间对环境进行规划，形成小巧、精致的景观，也可以运用空间的变化和层次来实现更加丰富的景观效果。就像我国古代的一些文人雅士，虽然没有大的建筑面积，却依然能把庭院修缮得小巧、别致，花草起着至关重要的作用。

通过花草的外形和颜色，加以修饰和创造，让它更富有美感和观赏性、艺术性，再运用色彩的搭配与衬托，将不同花草之间进行搭配，在外形与色泽上加以美化，运用装饰图案的造型手法，可使得本来普普通通的花草更具有艺术效果。我们会运用花草本身的固有颜色来规划装饰图案，而这种以花草为主的装饰图案，在景观设计中一直都被设计者所采用，并得到很好的发展和创作。

树木有的具有挺拔的外形，有的却以冠状形态来吸引人的注意。植物在整个景观设计中一直占有主导地位，植物的外在美一是体现在它所特有的外形上，二是体现在它的色彩上。在一个景观中，对植物色彩的运用，大多都体现在色彩的对比上，如补色的对比或是同类色的对比，形成或明快或严肃或深沉的视觉效果。

可以说花的色彩是植物中颜色最为丰富的，就算是同一种类的画也会有很多不同的颜色，而这些颜色正是为了点缀植物中那单一的绿色，使得绿色不再孤单。不同种类的花又具有不同的外形，与绿色的花叶相互衬托形成了极美的画面。在景观设计中花卉也起到了很重要的作用。

植物的果实色彩极具观赏性，果实透过茂密的树叶用它迷人的色彩装点了植物，达到了色泽上的统一。即便是果实还是青涩的时候也无法阻止我们追忆的向往、对果实的迷恋。同样的果实，放在水果堆床上和挂在植物上的感觉是完全不一样的，我们会去追忆它的成长过程，它的颜色变化的过程，它从青涩到成熟的过程，都是我们想去了解、想去探知的。它就像戴着神秘面纱的女郎，我们总是想去亲手去抚摸，亲自去尝试，这便是在景观设计中果实所独有的魅力。❶

四、书画古籍

我国从古至今都不缺少文人雅士，景观设计的历史更是非常悠久。小到庭院，大到园林，都可以为此证实。据古书记载，早在黄帝时期就已经有人造景观，到了尧舜禹时期便已经有专门从事人造景观的人员和官员，那时的景观设计多是为帝王建筑服务的。至殷商时期，开始修建都市、绕城的围墙，建筑用来远观游乐时所用的高台，这时的景观设计是围绕帝王所需服务的。从春秋时期到秦朝时期，百家争鸣，那时比较突出的时代思想代表要属老庄，他提倡了接近自然的理论思想，致使各诸侯也纷纷开始建造园林，逐渐地园林也在诸侯大家中普遍起来。秦始皇大兴土木，建造了规模庞大的阿房宫，给我们留下了秦朝时期最具特点的园林建筑典范，其中的建驰道，用青松为道路的旁树，这也是世界上最早的关于种植道树的历史记载。

---

❶ 宋雁．浅谈庭院植物景观设计［J］．大众文艺，2011（22）．

第四章　乔家大院装饰艺术在景观领域的应用

第一节　乔家大院房屋建筑布局特点

一、双"喜"字

从高空俯视乔家大院院落布局，很像一个象征大吉大利的双"喜"字。进入乔家大院的正门，是一条长80米、宽7米的石铺甬道，它将6个大院分割在南北两边，分别叫老院、西北院、书房院、东南院、西南院和新院。这六个大院各由三五个小院组成，院中有院，院中套院，共有20个小院、313间房屋，布局、格式各不相同，各院房顶有走道相通。正院比偏院要高出一截，两者的房顶结构也不相同。和大多数富商家族相同，乔氏家族"商而优则仕"，到第五代传人乔景伊官至二品，因此乔氏家族在修缮宅院时，兼容了官僚府第的气派，也体现了富商巨贾的奢华。

清乾隆年间，乔家堡村的街道结构，并非现在这种格局。乔家大院坐落的地方正好是原来大街与小巷交叉的十字路口。乔全美和他的两位兄长分家后，在十字路的东北一角买了若干院子，即以此为基础起建楼房。主楼造型为硬山顶瓦房，有窗棂而无门户，由屋内置楼梯登楼，特点是壁厚窗小，坚固牢实，反映了当时的建筑审美观点。主楼与倒座门楼隔二进遥相对峙，由于那时街门紧临大路，所以楼后壁不能开窗户，是封闭式的。在主楼院之东，重新翻修了原来的院宅，作为百寿图附属偏院，并把这偏院中的二进门改建为书塾，这是乔家大院最早的院落，故称为老院。乔氏即靠侧院又修了个五道祠，至今尚存。主院与侧院中间还有一大型砖雕土地祠，雕有山石、口衔灵芝的鹿等，隐喻衣食俸禄唯赖土地的恩赐，土地祠采用砖雕四个狮子和一柄如意，谐"四时如意"，祠壁有梧桐与杨树，而六对鹿是双双合在一起的，统谐"六合通顺"。

乔致庸当家后,乔氏商业不仅生意兴隆、财源广进,而且人丁兴旺、家族繁盛,于是在同治初年便开始鸠工庀材,光大其门庭。先是在老院西侧隔一条小巷购买了若干房基地皮,又修了一座楼院。同样也是里五外三,两楼对峙,只不过主楼改为悬山顶露明柱结构,通天棂门,有阳台走廊,可以在阳台上俯瞰全院。由于两楼院隔小巷并列,且都南北有楼翘起,故称为双元宝式,后来人们又附会为双"喜"字,大约即指此。

继修建明楼院后,乔致庸又在与两楼院隔街相望的地方,陆续兴建了两个横五竖五的四合院。四座院落正好位于街巷交叉的四角,为后来连成一体,奠定了基本格局。

光绪中期,"在中堂"为保护自身安危,修建全封闭的城堡式大院,颇费周折,取得了街巷占用权,把巷口一堵小巷建成西北院和西南院的侧院。街口一堵,东面兴修了大门,西面起建祠堂,北面两楼院外又扩建为两个外跨院,新建两个芜廊大门,跨院间有栅廊相通,通过大门之穹窿顶为过桥,使南、北相连,形成了城堡式的建筑群,奠定了整体格局。

清末民初,鉴于乔家人口日益增多,住房已嫌不足,于是继续购买地基,向西扩展。民国以后紧靠西南院起建新居,也就是所谓的"新院"。新院格局与东南院相同,不过在窗户式样上已注意到采光效果,全部装镶大格玻璃,还引进了西洋式的窗户装饰,修建了祠堂。院内迎门照壁比老院的土地祠雕更为细腻,中间是乔景俨女婿赵铁山用隶书写的《省分箴》,说明此时乔家人的思想已逐步从有神论中解脱出来,而更加注重建筑中装饰艺术的美学格调和文化层次。

同时,西北院也由乔映霞设计并进行了改建,将和老院相通的外跨院敞廊处堵塞建为客厅,并占用了原来的厨房,使客厅扩大成为直角形,客厅内有明显的异国情调,这大概是乔映霞信奉天主后借鉴教堂的设计样式建造的。客厅旁还修了浴室,并把厕所改建成所谓的"洋茅厕",在传统的中国建筑物中融入了西方文明。

靠西北院,原先有个小院,为"在中堂"家塾所在地,名叫"书房院"。分家后,乔健等欲改建内花园,由太谷买回某破落大户的全套假山,正待兴建时,"卢沟桥事件"爆发,工程没有动工,留下了一个"六缺一"的建筑残局(图4-1)。

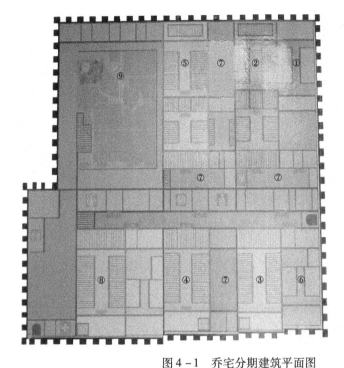

图 例

① 为1790年左右
② 为1848年前后
③ 为1852—1854年
④ 紧接③后完成
⑤ 为1865年后
⑥ 为1883—1885年
⑦ 紧接⑥之后为一次大改建
⑧ 1926—1928年
⑨ 1928年后

图4-1 乔宅分期建筑平面图

乔家大院的布局科学亦一大特色，如房顶上的烟囱状物，实际有一大部分是排气孔，为了使室内空气产生对流，后墙上部有孔通向屋顶，夏季排热气、冬季防煤气，此类设计，别处建筑极为少见。

乔家大院的建筑布局蕴含了一些风水理论，以晋中通行的阳宅相法对乔家大院的空间格局进行分析，可知风水理论所起的重要作用。至于其核心要素，则宅院的开门位置、房屋分布和屋宇高度也与风水相关。其中一院、五院是乔家年代最老、规模最大的两个宅院。二者空间布局类似，均建成于清光绪年间。以最为华丽的五院分析。此院为北方典型的偏正式四合院，主院在西，跨院在东。五院本为两进，因光绪年间加盖了外跨院而形成目前的三进格局。因此，五院乃动宅，当以穿宫九星法相之。相对主院而言，五院大门开于东南巽位。院落正房均坐北朝南，即为坎宅。在整体上，五院便形成了坎宅巽门的最佳风水格局。

山西历史悠久，文化底蕴深厚，加之地处内陆，封闭保守，传统礼制在山西大院建筑中体现得非常明显。根据儒家礼制所强调的道德伦理观念，山西大院中家庭成员在住宅空间中的安排井然有序。山西宅院一般多为正偏结构，这种结构左右对称，正院分正房和两侧厢房，正房首层居长辈，晚辈分列两厢居住。偏院则是紧靠正院厢房墙壁修建的一排低矮的东西房，供用人、保镖、厨子们居住。在山西大院的每一个建筑群体里，都遵循"礼制"的要求，所有的院落和房间，都与它们和堂室主人关系的远近尊卑而区别亲疏、上下、长幼等关系。

乔家大院宅子中所有院落都是正偏结构，另外，在建筑上，正院都为瓦房出檐，偏院则为方砖铺顶的平房，且较低，这既表现了伦理上的尊卑有序，又显示了建筑上的层次感。从大的方面讲，乔家大院整体结构成双"喜"字，每个院子都属于正偏结构，有主院就有偏院；而主院都是瓦屋，偏院是平房，这是乔家大院建筑的最大特色。从小的方面讲，乔家大院建筑具有外实内静、前低后高及防御性等特点。

二、外实内静

乔家大院外实内静。乔家大院是一个全封闭的城堡大院。大院四周是十几米高的青砖墙，上边是女墙式的垛口，四角有耸峙的角楼。大门在一个穿巷子里，大门的对面建成过街照壁。过街照壁是非常精细的砖雕，上面刻着一百个形态各异的寿字，遒劲古拙，灵动纤秀，称为百寿照壁。上面并无书家落款，颇让人敬重其对名利之淡泊。照壁两旁配小篆体对联"损人欲以复天理，蓄道德而能文章"，署名"宗棠"，想来作者是清朝大臣左宗棠了。至于联语的内容，尤其是上联，时代烙印鲜明，自有不同解释，仁人志士多为之思。

大门最上端是一个顶楼，有点像城门楼的形式，上面横置石刻行书"古风"二字，笔力遒劲潇洒，顶楼的正中高悬一个金字匾额"福种琅环"。这块匾是庚子事变后山西巡抚送的，慈禧出逃时，"在中堂"曾捐过白银10万两，因此独获得这一褒奖。黑漆大门扇上镶嵌着铜板对联，锃明瓦亮，上书"子孙贤族将大，兄弟睦家之肥"。大门洞底，以前还曾有一个金字匾，是祁县东部376村村民联合送给乔映奎的，上书"身备六行"。

三、前低后高

乔家大院建筑前低后高。一进大门是一条长80米、宽7米的石铺甬道，甬道两侧靠墙有护坡，甬道像一条峡谷把巍峨的六个大院劈为两半，使之相对踞峙。大门里面的中心甬道上，几个院门外还有拴马柱和上马石，甬道尽头是祖先祠堂，与大门遥遥相对。这是严格按天清律例建造的，即只限于一间，但装饰极为讲究。祖先祠堂为三级阶台庙堂结构，围以狮头柱汉白玉石雕寿字扶栏，通天棂星木雕隔扇、出檐四柱承顶，两明两暗，柱头雕以玉树交柯、兰馨桂馥镂空图案，装金饰彩，确实气度非凡。额楣悬匾曰"仁遇义浦"，系曾国荃所赠。

北面三个大院，均为开间暗楔柱芜廊出檐大门，车轿出入绰绰有余，门外侧有系马石柱及上马石。从东往西数，第一院和第二院都是"三进五联环套院"，即祁县一带典型的里五外三穿心楼院，里外之间有穿心过厅相通，里院正面主房为二层楼，和外院门道楼遥相呼应，十分壮观。从进正院门到主屋须连踏三次台阶，不知不觉中已升高了将近一丈，这不仅是建筑层次结构的需要，还有"连阶三级、平步青云"的吉祥借喻。

南面三个大院，属二进双通四合院，均为硬山顶出檐门楼，进门合阶式，西跨为主院，东跨为侧院。三院中间，一院略有不同，正面为主院，靠里主厅旁风道处有边门和侧院相通。

南北六个大院各由三至五个小院组成，院中套院，相似而不尽相同，迂回曲折如入迷宫。所有院落都是正偏结构；正院为主人居处，侧院则是客房、佣仆们住房及灶间。建筑上侧院较为低矮，屋顶结构也不同；正院都是瓦房出檐，而偏院为平房，既显示了建筑上的高低有致，也表现了伦理上的尊卑有序与内外有别。大院中有主楼、倒座楼各二，另有单门楼，更楼眺阁六处。院与院之间屋顶有专设走道相通，便于夜间巡更护院（图4-2）。

图4-2　"前低后高"的院落结构

综观全院，布局严谨，构思巧妙，外视则巍峨高大，端庄肃穆，内窥则秩序井然，富丽堂皇，不失为一所上乘的民居建筑。

乔家大院的墙造型简洁，却非常厚实，多用青砖砌筑，以砖砌墙，以瓦盖顶。其一，北方风沙大，气候冷，砖瓦结构更为坚固也更易取得冬暖夏凉的效果；其二，明清时山西的陶土烧制业较之前更为发达，取泥土烧砖制瓦非常方便。院落内部的墙体也全部使用青砖，甚至院落、楼板的地面都是青砖铺就，抬眼望去，满是青砖青瓦，一派典雅肃穆景象。由于在修建时使用了磨砖对缝的精细制作工序，因此屋墙墙面平整光滑、砖缝细密。在修建屋子时，砖瓦都经过了桐油浸泡，而且在勾缝时浆子由糯米汤、石灰粉、桐油调制而成，这样的做法可以防虫蛀、防蚁啃，墙体除坚固外并兼有防火的功能。民间讲究，东为上、为阳，西为下、为阴。在院房布局上，严格遵守"东高西低，阴不压阳"的规则，东院墙壁依次比西院墙壁高出半砖或一砖，体现出"人往高处走"的"实利主义"理念。

四、防御性

防御性是其鲜明的建筑特色，大院一般呈封闭结构，有高大坚固的外墙。这是为了应对明末清初的流寇，清末的频繁动乱。其中，乔致庸的居室为左书房，右卧室，中间是会客厅，前墙高 1.2 米，后墙宽 1.5 米，如此厚实主要是起到防偷听的作用，墙体里面的流沙则是用来防火的，从地基到最顶端二楼高达 10 米。纵观整个山西大院，房屋在平面中受到限制，因而纵向发展，伸向高空，修建两层以上的高楼。将住宅盖成楼房的形式，便于在面积较小的地基上，争取较大的使用面积，并且缩小院落面积是增加房间面积的最好方法。

五、吸收江南民居的建筑风格

此外，乔家大院还充分结合江南民居的建筑风格，在黄土高原上形成颇具特色的宅院文化。江南建筑多为阁楼，可以看作是远古巢居方式的延续。明清时期，江南的许多建筑是干栏式的高足建筑。这种结构建筑具有下部开敞，空气流通，人居楼上等优点，可防瘴疠之气，防毒蛇、猛兽的侵袭。

第二节 乔家大院门窗及装饰物建筑风格

一、门的建筑风格

窗户是建筑的眼睛，门是建筑的冠带，门、窗是主人家特别下功夫精雕细刻的房屋部件。

山西宅院的大门通常开在东南角，完全符合"坎宅巽门"的风水要求。民间称此为"抢阳",让阳光尽早照射上门窗,传达了人对大自然的主动性。

正门,俗称"大门",作为最重要的建筑物,是房屋主人下功夫最多的一道门。山西宅院里,最常见的门有窑洞式门、石券拱门、楼式门庭三种。

大门的饰物通常是门色、门簪、门匾、铺首、门钉、门槛、门柱,门前配套设施有石狮、石鼓、上马石、拴马桩、影壁、泰山石敢当等,这类属于配角地位的附带建筑和佩饰物,对装点门面、引申宅院文化有独特的功用。

乔家大院的大门像一个城门,门楼高大森严,门楼可供眺望,门房有人把守,厚重的黑漆门板,稠密的铁打门钉,大门边石狮把守或石鼓相对,都在表明此院主人非同小可。门上悬挂的灯笼,还是拍电影《大红灯笼高高挂》时留下的。由于门前的巷子很窄,人们没法后退,只能仰视门楼,上挂匾额是慈禧太后西逃时曾路过这里,为褒奖乔家的热情接待而题赠的。匾额下面的窗子,是上乔家大院房顶的必经之路——暗楼梯的窗子。❶

大院的大门呈城门洞式,大门坐落于一个狭窄巷子里,所以将大门的对面做成过街照壁的形式,过街照壁是非常精细的砖雕,上面刻着一百个造型不一的篆体寿字,被称为"百寿"照壁,据说是在中堂的女婿常赞春所写,"寿"字有的像小鸟,有的像花草,变幻无穷。

城门洞式的大门最上端是一个顶楼,有点像城门楼的形式,顶楼的正中高悬一个金字匾额,"福种琅环"。这块匾是庚子事变后山西巡抚送的,慈禧西逃时,"在中堂"曾捐献过白银十万两,因此获得这一褒奖。

一号院的院门对称庄重,章法井然,在门楼内设置一对石狮子,石狮子造型生动自如,神完气足。从这个院门开始,向里的地平逐一抬高,到最尽头的正屋还要上许多级踏步,符合风水术"前低后高,子孙英豪"的说法。

门是民居的脸面,只要一看房舍大门,就知道主人的等级地位。乔家大院五号院的中门,丰满而富于节奏,顶部处理得舒展遒劲,走到前面端详,檐下精雕细刻,优雅而恬静,让人不觉沉醉。

按照风水术的说法,院门与院门是不能相对的,否则会有煞气进入,山西民居也是如此,乔家大院死胡同上设的六个院门,一边各有三个,但六个院门都不相对。

山西民居中,凡属二进的院落,都建有垂花门楼,它是宅院里不可或缺的构件。垂花门的檐部雕饰有的用吉祥花草、禽鸟装,有的用琴棋诗书装点,门楣上

❶ 张素英. 浅析清代山西乔家大院古居民建筑门的艺术形制［J］. 文物世界,2014（2）.

刻匾额，很是讲究。

最常见的是一殿一卷式的垂花门，朝外一面做脊，后半部做卷棚顶，简单的垂花门也就是一个小屋顶。垂花门有的建在院子中间的，有的嵌在左右墙壁间。为了讲究建筑视觉上的美感，具有装饰性的垂花门是不能开启的，只起装饰作用。建在院中间的垂花门，是集装饰与实用功能于一体的榆次车辋常家一条街上，每两院相隔一段距离，便有一个与院门相对应的装饰垂花门楼。通过一排几个规模风格大体相当的垂花门，既对外彰显示主人的财力，又可以显示家族的势力。

建筑反映文化意向，门则是这种意向在建筑中的具体体现。人们的民族性格、伦理思想、价值观念、审美趣味、宗教感情、文化程度等都在简单的大门上有所反映。乔家大院内的垂花门，门罩雕饰繁复，把垂花门檐口做成斗拱的形式，甚至是好几朵，工艺奢华夸张之至。其上悬"梯云节月"横匾一方，瓦当饰兽面形，有驱邪就吉之意。院落之间的垂花门体现了儒学传统中理想的人间秩序，在进出之间，充分表现出教化与人伦间的关系，并于建筑中展示礼教的效用。

屏门也称"仪门"，民间俗称"二门"。屏门平时不开，出入时从侧面经过，遇有家庭家族的重大礼仪活动，方才开启屏门，大多数的屏门也就是隔扇门。正门高大，屏门较小，屏门有影壁的作用，也有装饰作用。屏门与院门相距百米，相对而立，既是出于礼仪的需要，也是财富的象征。打开仪门时，不是迎接尊贵的客人，就是家里办喜事。在垂花门和屏门之间是一个较大的左右两侧开敞的空间，左右两侧通往抄手游廊。

山西宅院的木、砖、石三雕是细部装饰的亮点，做工细腻，工艺精湛，有较高的艺术价值，是民居装饰的主要手法，木雕大部分体现在居室的门窗上。

隔扇门一般为四扇，隔心花饰有如意、花开、夔龙、福寿图案等，纹饰有冰裂纹、海棠纹等，局部设有花卡子，图案有蝙蝠、桃、松、竹、梅等。

二、窗的建筑风格

窗的装饰是传统建筑诗意化的创造，窗子的外形有方形、拱形、八角形等，外形的变化体现了造型的多样性，多变的外形配上窗心雕刻细致的纹饰，既避免了墙体的单调，又实现了人文与自然环境的巧妙融合。

乔映奎在民国十年（1921年）扩建新院时，把窗户和门都设计成拱形，比较西洋化。拱形窗有其本身的特色之美，上下共分为两部分，上部随拱券轮廓设成半圆形，内部窗棂呈放射状。下部整体呈方形，窗棂图案精美雅观。

在对窗户式样进行大胆革新的同时，也注重采光效果，窗户选用了大格子的玻璃窗，窗户上的装饰开始依照西式建筑改进；而且窗棂、门楣上的彩绘图案和内容，也发生了一些变化，比如将冒烟的整列火车绘制在立栏之间，火车驶过的桥梁则用几根树杆杆支撑。画风虽说有些幼稚，工艺也不算很精细，然而这是乔家人对新时尚的渴望和追求，是现代工业文明在老宅院里的体现。

三、其他装饰物建筑风格

（一）牌匾和楹联

牌匾和楹联是富贵人家标榜文人风雅最下功夫的地方。在门窗之间，刻写体现家族文化、追求事业人丁两旺的吉言佳句，彰显宅第主人的文化品位、生活信条、理想信仰，这既是一种寓意深远的"文字游戏"，也是富足之家心愿的无声流露。从牌匾、楹联上，可以获得大量的传统文化信息。

牌匾与牌坊有相同的功用，用砖、石、木等材料精心制作题写，既有装饰门面的作用，又留下了永久的纪念，同时还可以标榜宅第主人的志向情趣。它在山西宅院文化中占了很重要的位置，在宣传封建礼教、标榜个人志趣方面的作用不容低估。在乔家宅院被称作明楼的二楼主楼上，挂着一块"光前裕后"的牌匾，同样内容的门隔在清代襄汾丁村的民居建筑中也独占风光。"光前裕后"这个合成的词组，指恩泽流传播及子孙，所以人们称给前人增光、为后人造福即"光前裕后"。将这四个字挂在乔家最显眼的地方，不外乎提醒乔家人时时刻刻追念祖宗，造福后代。

悬挂于在中堂大门阁楼上的牌匾"履中蹈和"中的"履中"原指走路不偏，这里意为遵循中庸之道。"蹈和"指处世待人平和诚恳。该匾意思是秉承中庸之道，以和为贵，中正谦和。宅院主人名字乔致庸与堂名"在中堂"皆取儒家核心思想"中庸""执两用中"之意。乔家以此治家，讲究忠厚和睦，不偏不倚，和而不同。

"为善最乐"这块匾额悬挂于筒楼院二楼之上，四个篆体大字古朴典雅，劝诫子孙不能只顾己之利，要积德行善，助人为乐。这也是乔家世代乐善好施、富而行仁的思想渊源，乔氏族人家国天下的情怀，深得广大民众敬重。

"会芳"高悬于乔家私塾院正堂门楼上（图4-3），它采用一整块木料以圆雕手法制作为荷叶状，形象逼真，匠心独具，书法精湛，是大院木雕匾额之精品。它与古典门楼建筑相互辉映，表达了乔氏主人见贤思齐、会聚贤德人才之

意。书房、客房的上部都要悬挂匾额，乔家大院二号院的倒座房是乔家的会客室，门上的匾额用一整块木料雕刻成荷叶的形式，如石韫玉，似水怀珠，为宅增辉。匾额既精雕细琢，又浑然天成，自具艺术特色。

图 4-3 "会芳"匾额

楹联是我国传统文化中的特殊文学样式，明清之际、楹联发展鼎盛，晋商们传承了中国传统文化中的精要，晋商大院中的楹联内涵非常丰富，以内容而言，大体分传承家教、弘扬商德、光大家业、修身养性等方面。

家庭教育关系到家族能否发展和延续。所以在家族的发展史上，晋商把承传家教放在首位，期盼后辈能够不忘祖辈的艰辛，恪守家规，将家业发扬光大。乔家大院有联语云："受荫祖先须善言善行善德，造福子孙在勤学勤俭勤劳"，上联是"承"，下联是"传"，一承一传，此副楹联表现了乔家对承传家教的重视。"传家有道唯存厚，处世无奇但率真"这副挂于明楼院一进院门楼的楹联，意思是唯有积存厚德才是传承家业的真道，处世立身没有奇特的方法，只有依循直率真诚的本性。乔家重厚道，讲真诚，不欺不诈，不瞒不骗，以义取利。

诚信聚人气，重德汇财源，浅显易懂的联语点明了主人传家与处世之道。明清时期的晋商，位居国内十大商帮之首，在长期经营实践过程中，形成了一整套完善的理论，而在此经营伦理中蕴含着丰富的儒家思想。在儒家思想中，诚信是道德规范、社会交往的基本准则，是做人的基本原则和安身立命之本。商海沉浮，只有以诚信为本，才能成为商坛的常青树，晋商深知此理，恪守此责，最终以诚信闻名天下。

乔家的"在中堂"匾额，意在不偏不倚，执用两中，以中庸之道处事立世，待人接物。乔家大院大门正对面的影壁两边有一副对联，上联"损人欲以覆天理"，下联"蓄道德而能文章"，其额"覆和"。这是晚清军政大臣左宗棠为乔家题写的，意思是减少个人私欲，以恢复人之本性，顺应自然天理；积蓄修养道德，才能符合礼乐法度、社会规范。这道出了乔家主人信奉"出入平安、和气生财"的经商真谛，反映了大院主人中庸尚合、心志淡泊、以和为贵、诚信经商为正道的人生境界。

自古人们就有追求幸福、美好、平安、吉祥的愿望。对商人而言，财富的积累、家族的兴盛、事业的蒸蒸日上是永远的追求。晋商希望后辈能将祖辈所创立的家业发扬光大，希望自己的家族越来越繁盛。"子孙贤族将大，兄弟睦家之肥"这副铜板楹联镶嵌于乔家在中堂大门上。这是晚清重臣李鸿章撰写赠予乔家的一副对联，意思是：子孙贤能，家族将繁盛壮大；兄弟和睦，家庭能富贵利达。古语讲"家和万事兴"，该联蕴含着中国传统的和谐、包容、大度等"和为贵"的治家理念。

晋商先辈多迫于生计才从商，发家致富之后尤其注重对后辈的道德教育和文化熏陶，建书院，聘教师，另外还教导后辈修身养性。此类的联语在晋商楹联中也是一大亮点，例如，"宽宏坦荡福臻家常裕；温厚和平荣久后必昌"这副楹联挂于乔家私塾院正堂门楼，意思是处事心地宽宏坦荡，就会福至运达，家族时常富裕；待人性情温厚平和，才能荣耀久长，后辈必定昌盛。该联充分体现了儒家的修身治家思想。再如"忠厚培心和平养性；诗书启后勤俭传家"，该楹联挂于乔家德兴堂北院，意思是忠诚厚道修养内心，心平气和调养性情；以诗书教导后辈，把勤俭作为传家美德。要在社会上立足，成就事业，必须重修养，行正路，做善事。要以诗书礼仪和言传身教让后辈在潜移默化中受到教育和熏陶，自然会形成端正、和善、诚信、勤俭、儒雅的家风，并且能世代相承。"读书即未成名究竟人品高雅；修德不期获报自然梦稳心安"楹联挂于在中堂西南院正院门楼。意思是读书即使没有成名，也会有高雅的谈吐和品德；行善积德不求回报，自然能心安理得睡梦也香。古人认为以诗书修人品，以学问养心性，培养知书达理、深明大义的子弟，家族家业就会后继有人。

中国人历来讲求"仁、义、礼、智、信"五德俱全，晋商名满天下，讲求对国忠、对人义、处世仁，这是炎黄子孙的高尚品德。乔家大院的明楼院三进院屏门上挂有清代书法家何绍基书写的"行事莫将天理错；立身宜与古人争"，这副楹联意思是做事不要违背自然规律与社会法则，立身处世应当与古人争贤。只有在日常生活中把善、仁、信、义等天理内化于心，并真正身体力行，古代圣贤的美德才能得以发扬传承。

大院中匾联多为木质镶边形制，但也有少数为砖雕镶边的石刻匾额，如宅院大门上有石刻"古风"门额，意境深远，字体优美，用笔潇洒，由有"华北一枝笔"之誉的赵铁山书写，浑厚质朴的字体中悄然流露出主人崇尚古之遗风的情感。

在这座闻名遐迩的宅院，匾额楹联构成了一道底蕴深厚的"风景线"。它们集文学、书法、雕刻、装饰艺术于一身，意义深厚，内涵丰富，不仅装点了乔家豪门望族的门面，而且蕴含着宅院主人修身治家和经商处世的道德志向及生活情趣（图4-4）。其人文魅力至今闪耀，让前来观赏大院的人们在出入俯仰间得到熏陶与启迪。

图4-4 "慎俭德"匾额

（二）木雕、砖雕、石雕等

乔家大院有"清代北方民居建筑的一颗明珠"的称号，坊间也流传着"皇家看故宫，民宅看乔家"这样的美誉。乔家大院于2001年被国务院正式列为全国重点文物保护单位。我们可以通过看乔家大院，来感知现在晋中地区的建筑风格、民俗民风、经济文化、艺术成就等，乔家大院是这些的综合体现展示。乔家大院建筑是兼具实用性与艺术性的，从历史建筑中我们也能看出古人很早就有了审美意识，并且对美的追求和造诣很高，是艺术史上不可或缺的绚丽瑰宝。

在山西的民居中，有非常多的装饰手段，最出名的也是最常用的就是砖雕、石雕、木雕。这些表现手法在使用的时候，都会结合起来，起到相辅相成的效果，在一定的空间中，多种不同形式的雕刻艺术同时出现，却显得和谐并相得益彰。

乔家大院的雕饰艺术不仅出现在建筑装饰（如牌楼、厢房、西楼、厅堂、梁柱门窗等）上，还渗透到室内陈设（床、椅、几、案、屏等）中，雕刻的纹饰和内容多种多样，可谓是变化万千。从建筑的外部结构上看，建筑装饰在我国的传统民居中不仅有修饰的作用，更起到了稳固建筑物的作用，使得功能和艺术有效地结合在了一起，对雕刻的处理也是恰到好处的，色彩和外形的搭配不会太突兀，也不会太单薄，让人在感受艺术的同时，还可以有更多的想象空间。

这样的装饰物，不仅让人觉得乔家大院朴实庄严，更让人有种浑然而成、不做作的感觉，华丽但低调，在简洁中带着些许的条理，不显单调。装饰的纹饰来自于自然，又融合了生活，使其具有独特的魅力和内涵。

1. 木雕

（1）墀头。

大院建筑将木雕、砖雕、石雕陈于一院，绘画、书法、诗文熔为一炉，人物、禽兽、花木汇成一体，姿态纷呈，各具特色。砖雕、石雕、木雕是民居装饰的主要手法，山西民居的特点是：木雕并不占很大面积，但极尽精细之能事，在镂空的木雕上往往以石绿为主调加以粉饰，并用金粉勾勒，缜密而带有氤氲。砖雕的特点是整体粗犷，注重寓意。如书香门第、百岁和合等。有的构思独特，如暗八仙，把八仙过海中几个神仙使用的器物雕上画面，人物并不出现，耐人寻味。又如房脊的吻、兽和雕花护脊，造型优美，线条流畅，刀法细腻，均为清代砖雕精品；再如石雕，就其图案来说，或人物故事，或花鸟山水，无不生动活泼，刀法娴熟，线条明快，俊秀潇洒。

巧夺天工的木雕工艺，是建筑中十分抢眼的细节，每件木雕都有寓意，都取自民俗事件或题材，尤其是每进院的正门上雕刻的人物，各不相同、栩栩如生，此外，柱头上的木雕也多种多样。全院现存木雕艺术品300余件，且每件都是木雕精品。

雀替是中国古建筑的特色构件之一，又称为"插角"或"托木"，通常被置于建筑的梁、枋与柱相交处。乔家大院的木雕装饰主要集中在门头的骑马雀替，其分布较广，遍布各个院落，大小不一，形式各异。主院第二门门楼匾额上书写有"毋不敬"的字样，木雕骑马雀替呈逐级向上加宽的形式，横向中心部位较两端高度更低一些，整体形式为左右对称状。中心花板内容为"福星、禄星、寿星"三星高照（图4-5），镶嵌在骑马雀替中心。采用透雕工艺，造型精美，形体流畅，雕工细腻，人物面部细节依稀可辨，形态生动自然。中间为禄星，头戴官帽，身穿官服，为三星中最高者，也是中心花板的主题，人物头部较福星和寿星更为靠前，更为醒目。福星和寿星被周边装饰纹路自然地半围合。福星头微微

向中心禄星靠拢，使整个中心花板更加紧凑。寿星为一老者，手拄拐杖，为三星中最矮者，额头宽大，留长须。❶

图 4-5 "三星高照"墀头

此处骑马雀替全部采用透雕工艺制作，采用仿博古架形式，架上为盆栽植物兰花和水仙，枝叶穿插变化丰富，非常生动。花盆造型别致，盆上还雕有装饰纹样。雀替下部还有两头活泼的小狮子，其身相对，头却各自向门外后方高昂，整个博古架也配以线条进行修饰，线条转折多为直角，但由于走向和比例适当，再加上线条较细、线与线之间的间距较小，因此，不但没有丝毫的僵硬感，反而整体上给人一种南方装饰的秀气与灵动感，整个装饰保留完整。

主院的第二个门楼匾额上书写有"颐养堂"的字样，木雕雀替左右宽 228 厘米，厚约 5 厘米，靠近柱子两旁高度为 101.5 厘米，尺寸同一院完全一致。雀替中心部位最高处约 30 厘米，为中心花板预留高度。中心花板雕刻内容为"天官、地官、人官"，人物动作较为夸张，无论站立还是单膝下蹲，动作幅度都比较大。人物头部刻画细致，衣着则相对简洁，四周没有其他的装饰纹样，只在三个人物中间雕刻了两棵白菜，造型概括简练。两旁的雀替上刻有八匹骏马，左右两端大体上对称，只是在马头的方向或细节上有一些变化。靠近中心花板的两匹马身前各有一个奔跑中手持缰绳的人物形象，呈完全对称的形式，身体微微向后，脚步似刚刚迈出，表情欢快喜庆。三门门楼匾额上书写内容为"碧琳"，木雕雀替左右宽 225 厘米，厚约 5 厘米，靠近柱子两旁最高处高度为 127 厘米，中心花板雕刻题

❶ 高学红．骑马雀替木雕研究［J］．文物鉴定与鉴赏，2018（7）．

材本意是日月神，一人手捧太阳，一人手捧月亮但缺损了一半，所剩人物长须飘逸，颧骨饱满，衣服只在几处代表形体转折的部位加以修饰便突出了质感。四周围合着方形仿博古架装饰，纹样以直角转折为主，线条宽度比例适中，其间又雕刻有桃和花瓶。雀替两旁下端还各有一个茶壶，整个雀替通体采用透雕。

院内共有精美木雕雀替装饰门楼两处，主院从外向内牌匾题字依次为"承启第""锡暇"，街门门楼匾额上书写有"承启第"的字样，木雕雀替左右宽206厘米，厚约5厘米，靠近柱子两旁高度为102厘米，整个雀替内容都为博古架制，内容有香炉、兰花、石榴及果盘和花盆，植物叶脉穿插其间，复杂多变，工艺精巧。香炉及果盘和花盆的形体饱满，摆放平稳，整体感觉比较统一。中心花板位置有四方形空缺，本应有主题性的木雕饰物，但隐约可见一株三叶兰草，模糊不清，难以辨别主院南门门楼匾额上书写有"锡暇"的字样，木雕雀替左右宽23厘米，厚约5厘米，靠近柱子两旁高度为123厘米，内容也是葡萄藤蔓，但造型较其他院落更为简化，本处葡萄颗粒较大，整串的体积感比较饱满，大体为纺锤体。

（2）挂落。

挂落是汉族建筑中重要而又特殊的组成构件，特别是门头上的装饰物，多位于整个建筑的额仿下边，抬头即见，十分醒目。其功能在于将空间划分出不同的功能区域和美化、装饰作用，可以看出当时人们对美的理解和重视。挂落无论在室外空间还是室内空间，都被广泛应用。因为木材本身密度低，即使体积较大，其质量也很轻，再加上还有各式各样的镂空，因而不会给建筑本身带来额外的负担。室外的挂落通常拙朴而大气，室内的挂落则相对小巧精致，因此乔家的挂落独一无二，千姿百态；乔家的挂落集文化价值和装饰价值于一身，和其他的山西晋商大院相比，特点更鲜明。

挂落的装饰图案有时单独出现，有时两个或多个组合出现，每一个都有它独有的题材和故事含义，匠人们用其有创造力的双手、精湛的技艺、巧妙的构图，向人们展现出一个个精致的作品，传达着吉祥的寓意。通常情况下，每一个场景都可以找到一句话、一个成语、一个神话故事来解释，就像电影剧目中下方的字幕，对画面中的场景进行着同步解释。这种艺术形式的出现是对中国特有的表现手法的完美运用，借喻、谐音、象征、变形、联想等，像"百子葡萄""喜鹊登梅"，这些表现手法也体现出我国文化的多样性。

挂落图案的主要类型有花卉类（主要包含梅花、水仙、牡丹、莲等）、水果类（主要包含葡萄、石榴、桃）和树木类（主要包含竹子和松树）三种。花卉和水果类的木雕刀法圆润，线条优美，花瓣的叶子层次丰富鲜明，无凌乱之感；

树木类木雕较为概括，只是大致雕刻其形态，局部略显夸张。

大夫第的"毋不敬"门楼挂落和在中堂正门挂落图上雕刻的图案都是梅花（图4-6、图4-7），前者的梅花从左下到右上是梅花的主干，枝干粗中有细，曲折环抱，走向统一明确，其中还有一个花蕊像圆点的花朵作为点缀；后者的枝干是由左向右上发枝，在向右的过程中枝体由粗变细，还有两只鸟紧贴着花蕊清晰可见的梅花。❶

图4-6 "大夫第"匾额

图4-7 "毋不敬"挂落

---

❶ 吴婕.乔家大院门楼挂落艺术特征分析［J］.美术大观，2013（8）.

大夫第的"琼阁"门楼挂落的牡丹图案清晰饱满，造型十分生动，牡丹的花头饱满，一朵朝上两朵朝下；花型簇立，花瓣层层叠压，富有层次感，花叶单片互生，小而繁多，主次分明。

乔家的院子里几乎都有一副葡萄题材的木雕挂落，葡萄因其果实内含有多粒葡萄籽，寓意为多子多福；乔家是一个商业世家，因而也有一本万利之意。每串葡萄大小位置不同，与枝蔓之间无形之中又分出了几个层次，反而使画面充满了变化，更有节奏。

中宪第、在中堂门楼图案背后是松树，有树干、松枝、松叶、马嘴贴马背作扭头状，马的两条后腿踩在松树的枝叶上；南极仙鹿图也以松树为背景图案，松枝呈弧线曲折缠绕，松叶点缀其间，还挂有两颗松果。

挂落的整体布局上基本一致，不是水平方向上的相互连接就是竖直方向上的连接，若以图案中心的方形浮雕为轴，根据两侧的造型图案是否对称，可将其构图分为绝对的对称和相对的对称；依据挂落边框轮廓线分类，可将挂落分为圆弧曲线转折式和直线直角转折式。

如"毋不敬"门楼挂落，雕刻集人物、动物、植物、器皿于一体；有梅花，花博古，其中刻有果盘、花盆、水仙花、香炉、茶壶、福禄寿三星和狮子。挂落是水平方向与垂直方向相连的整体，挂落不管是形式上还是内容上都是绝对对称的。挂落水平与垂直方向的花板都是左右上下分格，花板靠中心浮雕有茶壶的一格，垂直方向上刻有水仙花，水仙花叶姿态优美，两株六瓣的花朵与弯曲长叶结合显得优雅别致。

还有一种就是构图布局上形式是绝对对称的，内容上相对对称。例如，在中堂门楼挂落，该挂落以博古架图纹为框架，将三官大帝、八骏马、牵马人、梅花、香炉等穿插起来，整个框架上形式绝对对称，但是在内容上，左右两边的八匹马体态各异，栩栩如生，而且梅花的数量与形态也不同，使整个寓意明确，形式多样而不呆板，构成相对对称。

静怡门楼挂落边框是圆弧曲线转折，其余门楼边框都是直线直角转折。静怡门楼的挂落雕刻有南极仙鹿和葡萄百子，葡萄百子位于挂落的两侧，看似分格，实则是一个整体。边框是圆角曲线，与直线转折边框不同的是，圆角曲线边框造型作为映衬，使整个挂落静中有动，与挂落中央的南极仙鹿浮雕方圆结合，和谐统一。

大院的挂落的主要材料是木材，一般通过直接对木材进行雕刻，木雕的主要表现方法有透雕、浮雕、透通雕等，将真实的物体和装饰性相结合。透雕，是将木板底子镂空的一种工艺手法；浮雕，也称阳雕，是将所要表现的图案形象在木料上凸起，可分为高浮雕和浅浮雕两种。高浮雕一般能表现复杂生动的画面；浅浮雕是在木板上雕刻出简洁明快的线条。透通雕一般是构图层次多，分层进行雕刻，前面部分与底面没有关系，这种雕刻手法融合了各种雕法在一个画面上，适合表现多层次的立体雕刻。挂落整体是透雕、深浅雕的结合，门楼挂落花板每一格当中的单件木雕都是透雕，乔家大院的透雕大多以写实为主，注意对细节的捕捉刻画，木雕边缘刀法圆润，无棱角，层次分明。各雕刻技法相结合，既突出主次，又增强了整体造型的层次感，营造出一个和谐的整体效果。

2. 石雕

大院中的石雕作品虽然与木雕相比较少，却十分精细。乔家大院石雕图案中的题材以神话人物、戏曲故事居多，也有花卉、有吉祥寓意的动物图案，归纳出来就是"有图必有意，有意必吉祥"。石雕的材料上，多以质地完整细滑的青石为主，有时候也会用砂石，用砂石完成石雕则能表现出更粗犷的风格，更加朴素。院内的门墩、柱础、照壁等地方都是设置石雕的主要场所。

大院的石雕门墩多是条形和方形，共同组合成两层，这些门墩一般成对出现，摆放在大门的左右两侧，石雕上还通过石雕工艺对其进行点缀和装饰。门墩的石雕技艺以平雕线刻为主，图案的表面多采用阴线进行刻画，画面的四周以万字花纹、暗八仙等图案居多，变体龙凤纹在少数石雕上也有出现。大院中的门墩少部分因风雨侵蚀现在有些模糊不清，大多仍能清晰可见。石雕上的图案元素丰富、种类繁多、形象逼真，故事情节引人入胜，线条细密流畅。❶

图案的布局也是变化多端，各具特色。有雕饰布满整个平面的，有只在中间突出主要图案的；有的十分完整、精致，有的则简单、统一。其中具有代表性的雕刻图案有"喜气盈门"图、"四季如意"图、"灵仙祝寿"图、"花开富贵"图、"渔樵耕读"图、"八仙庆寿"图等，每一个图案都有故事或寓意，都是主人的情感寄托和对美好事情的向往，如后辈加官晋爵、福寿双全、御凶邪、避鬼魅、君子的高风亮节等。

狮子的形象自古就被广泛使用，这得益于古代佛教在我国的传播带来的影响。狮子在佛教文化中是护法瑞兽，古人认为狮子"食虎豹"，是"百兽之王"，因而在民间人们将狮子作为"权势""富贵"的象征。到了明清时期，民间的雕刻是当时雕刻艺术的中流砥柱，很大程度上推动了雕刻技术的发展，狮子形象也逐渐开始

---

❶ 霍康．浅谈山西祁县乔家大院民居建筑中的石雕艺术［J］．文物鉴定与鉴赏，2018（1）．

成为传统文化的一种符号，石雕石狮在宅院、道路桥梁两端、城门等场所大量体现。相较其他场所，民居建筑中的门墩石狮则更具历史意义，是历史的见证。

镇宅神狮是最常见的宅院装饰物件（图4-8），是宅院的第一护卫。明清山西宅院，每一处院子通常都要在大门两旁安放一对石狮，黑漆的钉门，厚实的门扇，两三尺高的门槛，配以镇宅的石狮，大有铜墙铁壁的森严。庭院的栏杆上，阁楼的扶梯上，一组精巧的小石狮，有憨态可掬、调皮活泼的三狮戏耍，也有雌雄相对、气闲神定的双狮护门，还有牌坊间出将（狮）入相（象）的威风。

图4-8　镇宅石狮

在乔氏宗祠的"寿"字扶栏处，也有15个形态各异、憨态可掬的石狮子，栩栩如生，富有生命力。狮子是乔家大院中石雕的一大亮点，常常出现在门前或两侧，有时作为门枕石雕刻形象。狮子是祥瑞的象征，具有驱凶辟邪的功能，因此，石雕狮子常被置于门口，以驱走鬼怪，保护自己的家园。另外，大院里的一些阴纹线刻，取材于民间的神话故事，如西北院门蹲石狮底座上的"金狮白象"，中为"马上封猴（侯）""燕山教子"等，图案清晰、刀锋如新、形象逼真。再如，乔家大院中宪第房墙扶栏雕刻的"葡萄百子"图案中，葡萄纹饰采用写实手法雕刻，纹饰比例适宜，错落有致，造型逼真，画面精美细致，层次关系鲜明。葡萄多子而且蔓长，也体现了人们祈盼子孙绵长、家族兴旺的愿望。其构成方式为点线面相结合，葡萄由点构成面、多面层叠在一起，且每一面都有不同的组合规律，形成起伏变化，立体感十足。而线的运用则体现出一种流动感与生命力，葡萄的藤蔓采用舒缓飘逸的曲线，体现了植物在生长过程中形成的生命力，同时连接了画面各处，形成一个不可分割的整体，点线面相结合形成一种疏密和虚实的对比，整个画面蕴含着强烈的节奏感。

道、佛、儒三教在中国传统文化发展传播过程中起着重要的作用，道教、佛教、儒教在自身发展过程中，相互渗透、交融、互动，所以在现存的明清山西宅院里，既能看到宅院主人大肆标榜的儒家信条，还能找到大量与佛、道教有关的建筑装饰。无论是木柱匾额间，还是佛家八宝、道家八仙雕饰都受儒家格言的影响，将历史人物故事雕刻还原成一个个最精彩的场景，这些都反映了山西宅院的传统文化。

3. 砖石雕

在乔家大院的四院中，顶到天的楼檐雕刻有琴棋书画，弹琴、弈棋、书法、绘画统称"琴棋书画"（图4-9），古时又称"四艺雅聚"，它是古代文人骚客、名门秀士、大家闺秀修身的必学技能。在古人看来，精通琴棋书画是渊博学识的一种体现。

图4-9 "琴棋书画"砖石雕

琴为七弦古琴，其声清和淡雅、飘逸脱俗，深受文人雅士所喜爱。因此，琴被定义为君子雅士的象征。古人认为琴音可以表达和传递个人思想情感及价值观。道家追求琴音的空灵、淡雅、清韵，追求与自然的融合，强调心声即琴声，要用心去感受自然并回归自然。儒家追求中音、平和、舒缓的琴音，体现了儒学中中庸的思想，儒家不仅要求弹琴者在弹奏之前完成一套礼节化的仪式，还对弹奏时周遭的环境及现场人物做出要求。棋为围棋，古人酷爱弈棋，常以棋盘比拟现实世界，把棋子看作一个个鲜活的生命。在弈棋过程中弈棋者把自己幻化成每一个棋子，体验着棋局的千变万化，弈棋如同演绎自己得失枯荣的人生境遇一般，弈棋的文人常常在对弈中抒发对现实社会中人生价值的追求及身不由己的无奈。书为书法，一个人的书法作品可以体现出他的气质修养。在书法创作过程中，人们对气韵和字形结构的把握与对书法作品整体气势的表达，完全可以体现书写者的书法意境。画是国画，国画是中国的传统绘画，国画表现技法多样，画作讲究形神兼备，崇尚"妙在似与不似间"。国画是画家主观抒情、表达个人审美意趣的方式之一。

琴棋书画至今仍然是修身养性、提高艺术品位的重要渠道。不断研习琴棋书画，不仅能让我们陶冶情操，磨练意志，修养品德，还能使生活充满喜乐，从而真正地做到体悟生活，享受人生。

大院中有四个雕刻有梅、兰、竹、菊的墀头。梅花有五瓣象征五福，它傲领群芳，美丽而不妖冶，具有傲雪吐艳的精神。兰，深谷幽兰，因生长深山野谷，不为悦人而自芳，清新脱俗，素净安然。竹，虽空心但坚韧虚心有节，因虚受益。竹子清秀素洁，常用来赞美君子高风亮节。竹子也有吉祥平安之意，故有竹报平安之说。菊，菊与吉同音，有吉祥之意。人们常将菊花和喜鹊的组合表示举家欢乐。菊花也为寿花，有益寿延年之意。菊花被历代文人推崇，他们欣赏菊花飘洒清雅、超脱世俗的品格，敬佩其在经历风霜后依然顽强绽放的精神。

古代的文人墨客欣赏梅兰竹菊清雅淡泊的品质，并用梅兰竹菊来赞誉高风亮节、品德高尚的君子。清高拔俗的梅兰竹菊还被用来分别代表四季，兰代表春季，竹代表夏季，菊代表秋季，梅代表冬季，乔家大院中雕刻的梅兰竹菊就有四季平安之意。

以上所说的"琴棋书画""梅兰竹菊"体现了儒家文化讲究的道德修养，乔家大院的砖石雕刻映射的伦理规范，要求乔家人要有道德责任感，要不断提高个人的道德修养。儒学中也包含劝学的思想，讲学习是获取知识的主要途径，学习和思考紧密结合才能有更好的效果。重视学习和认识的作用，强调博闻强识，要求学习者做到学而时习之并能够学以致用。儒家文化倡礼教，礼即是尊卑有分，上下有等，讲伦理道德，尊老爱幼，男女有别，长幼有序。儒家文化的礼教无时无刻不提醒着乔家人注重行事作风，起着教化人伦的作用。乔家大院砖石雕刻纹样展现了乔家人的心理需求、生活态度和审美情趣。

门前置泰山石敢当，是一种风俗。乔家宅院的石敢当是一座大掩壁，高3.33米，宽3米，青砖灰瓦，猫头滴水，用料上乘，做功考究。正中镶嵌长2米、宽40厘米的石雕，上部雕刻虎头，下部是莲花宝座浮雕，中间刻泰山"石敢当"几个大字，非常醒目。传统建筑文化中石敢当的影响非常广泛，都是取其卫宅避邪的功用。唐宋以来，宅第门口大都镌刻"石敢当""泰山石敢当"的石碑，还有的将石敢当嵌砌于墙体中。"石敢当"三字刻石始于唐代，直到今天民间许多建筑仍保留此建筑构件，取镇鬼避灾、家宅平安之吉祥寓意。山西的宅院里，随处可以看到一两处泰山石敢当保卫着家宅。❶

乔家大院的砖石雕纹样也明显透露着吉祥文化，上文所提到的四院中楼檐中间处还刻有一个香炉，香炉上有个只到肩膀，没有头的孩子，意为"香火不到头，后继有人"。乔家不仅经商，同时也是书香门第。以香炉为中心各一米处的终点上各雕有一个钟表，一个为中式，一个为西式，也是要告诫乔家子弟要珍惜时光。

与之类似的寓意"五子进宝"，画面背景为竹子、梧桐和祥云，整体构图饱满，层次分明。画面中，五个身穿对襟长袍、脚踏云靴的童子神情喜悦地向屋内前进。位于图下方的两个童子一前一后抬着香炉大步向前，意为香火不断。就在这两个童子上方，一童子做马步弯弓状，神情专注，弓箭目标是位于画面右上方的两只燕子，射燕意为设宴。就在射箭童子前方，有一位童子撸起胳膊号召着大家前行，其形惟妙惟肖。最后，画面右边的童子手托宝钟，身穿长褂，意为时间宝贵，警醒世人寸金难买寸光阴。该纹饰雕刻精美，繁而不乱，线条细致优美，预示着大家齐心合力发家致富，生活和和美美。

墀头也处处体现着吉祥的气氛。"石榴"：石榴多籽，有多子多福、子孙满堂、世代繁衍兴旺之意。石榴有榴开百子、世代繁荣之意。"牡丹"：牡丹为百花之王，国色天香，富丽香艳，色彩绚丽，雍容华贵，是富贵、幸福的象征。牡丹多有富贵有余、满堂富贵、富贵平安、长命富贵之意。"寿桃"：此寿桃墀头雕刻得生动逼真，细致入微，线条起伏转折很有韵律。寿桃象征长寿，有福寿延年之意。"葡萄"（图4-10）：屋脊上的葡萄纹饰比例适宜，错落有致，画面精美细致。此屋脊上葡萄纹枝叶蔓延，果实累累，有富贵长寿、人丁兴旺、多子多福、子孙满堂的吉祥寓意。"葫芦"：画面中屋脊上的葫芦纹雕刻精美、细腻，藤蔓之间穿插有序，画面构图饱满。葫芦藤蔓绵延，果实累累，象征家族血脉传承，子孙兴旺，繁衍不断，万代长久。葫芦是八仙之一铁拐李的法器，有降妖捉怪、镇灾辟邪的功用。"松鹿"：墀头为松鹿图，它画面布局精巧，古朴飘逸，苍劲质朴的松树和回首环顾的鹿，互相映衬极具神韵。鹿不仅代表长寿，而且代表禄，有福禄双全、天长地久之意。松树常青，生命力顽强，松代表长寿。松加鹿是寿上加寿，有福寿无量的吉祥寓意。"凤凰"：墀头上雕刻的凤凰神采奕奕，

❶ 王岚. 乔家大院吉祥文化调查［J］. 文物世界，2015（5）.

活灵活现，美观生动。凤凰是鸟中之王，天地之灵物，寓意富贵、长寿、吉庆、安详、太平，象征生活幸福美满。"仙鹤"：堰头雕刻的鹤惟妙惟肖，姿态优美，形神兼备。鹤，羽毛洁白，在禽类之中轩昂直立，卓然超群。鹤常被称为仙鹤，乃吉祥之鸟，代表长寿，有松鹤延年、鹤寿无量、松鹤长春等美好祝愿。堰头背景祥云为如意纹，更显吉祥如意。鹤也常被历代文人墨客赋予持正清高、品性高洁的秉性。"麒麟"：多为吉祥的象征，将这种鹿身、龙鳞、牛尾、独角的传说中的动物，列入龙、凤、麟、龟传统的四灵之物。龙和麒麟性属阳性，草龙和拐子龙为民间龙，象征宅主人，麒麟象征子孙后辈，所以宅子装饰中出现得较多；而凤和龟为阴性柔美的代表，宅子中用得极少。望子成龙是炎黄子孙始终不懈的追求，装饰"麒麟送子"图案的地方，通常居住着晚辈，希望后代事业有成，永葆家族兴旺。"鹤鹿同春"：堰头雕刻有鹿和鹤，栩栩如生，生动逼真，鹿雕刻的占据画面大、距离近，鹤雕刻的占据画面小、距离远，拿鹿和鹤作对比，形成大小实虚的对比。整个画面布局精巧，独具匠心。鹤鹿同春本身寓意长寿祥瑞、喜庆长寿，在此画面中鹿通"六"，鹤通"合"，连起来便有六合同春、福寿延年之意。"吉庆、如意、平安"：堰头画面由磬、如意、花瓶三部分组成。堰头画面布局疏朗，比例适宜。磬通"庆"，有喜庆、吉庆之意。如意有事事如意、万事顺利的吉祥寓意。瓶通"平"，有平安之意。磬、如意、花瓶三者的结合就是吉庆、如意、平安的吉祥祝福之意。❶

图 4 – 10　"葡萄" 堰头

　　乔家大院砖石雕刻的装饰纹饰题材丰富多样，这些题材均表达了人们对美好生活的祈愿和高尚情趣的追求，具有明显的民族地域性特征，是本土文化的直接体现。祖辈们流传下来的象征着喜庆吉祥、镇宅驱邪、福寿平安的纹样装饰，遍布乔家的门枕石、屋脊、堰头、瓦当、影壁、柱础等地方，反映出乔家人对儒家文化和吉祥文化的重视。

　❶　郑崴 . 乔家大院建筑装饰雕刻纹样特征分析及提炼［J］. 装饰，2015（2）.

作为建筑物的一部分，乔家大院的石雕刻不仅满足了乔家人对住的物质功能需求，还丰富了乔家人的精神世界。乔家大院砖石雕刻的装饰纹饰不仅仅是求福纳吉的纹饰，还具有一定的伦理教化功能，是实用和审美和谐统一的完美体现。

4. 砖雕

砖雕艺术是古建筑装饰艺术的一种形式，每一个历史时期的砖雕具有各自的艺术形象和特点。乔家大院的在中堂不是在短时间内连续建造起来的，而是经历了两百多年，通过三次逐步增修、扩建而成的。虽然乔家的砖雕形成了较为统一的风格，通过对砖雕艺术的仔细观察、对比，还是能明显感觉到其工艺、内容有着或多或少的差异。每件砖雕艺术品都有其独特性和不可替代性，为后来学者、古建筑的修缮、现代装饰设计等提供了宝贵而真实的历史资料，具有很高的艺术价值、历史价值和科研价值。

走在乔家大院的街巷里，砖雕装饰举目皆是，题材非常广泛，有壁雕、脊雕、屏雕、扶栏雕，堪称乔家大院的一绝。如一院大门上雕有四个狮子，即四狮（时）吐云。一院大门对面有一大型砖雕土地祠，雕有松树、桐树和蹲于太湖石山上的九鹿，喻示九路通顺。掩壁上为"龟背翰锦"，为六边形骨架组成的连续几何图形，是传统的装饰纹样，因像龟的背纹而得名。中国传统中以龟为长寿的一种灵物，用作图案，以示吉祥延年。每个院落都有众多的砖雕，题材寓意也各不相同。除了寓意长寿、吉祥的，还有象征品格高尚的梅兰竹菊等。

屋脊的砖雕多在正脊中央和两端，如东北院西厢房顶的正脊上有浅浮雕一蔓干枝的葫芦，堪称精品。脊兽是中国古代汉族建筑屋顶的屋脊上所安放的兽件。屋脊上常有脊兽装饰，最常用的是鸱吻兽，鸱吻为房屋守护之神。乔家大院屋脊两端都是这种如意状祥云造型的鸱吻，如意和祥云都有满意、顺意、如愿的意思。如意状祥云鸱吻寄托了人们对生活平安如意、万事如意的美好祝愿。

将螭吻安于屋脊，可使其登高望远，守护主人。另有一说，鸱吻亦称"鸱尾"或"蚩尾"，古人以为此物属水性，能辟火灾，安放屋顶就能避免火灾。与居住建筑关系密切的还有两位龙子，第八子狻猊，好烟火，立于香炉；第九子椒图，好闭，立于门铺。房脊上的脊兽，还有官商之分，祁县乔家为闭口脊兽。引申之意有两种：做官就要为民说话，故脊兽张嘴；经商要严守秘密，财不外露，所以脊兽闭嘴。起初乔家修建宅子时，家族里还没有做官的人，到光绪年间，乔景俨捐得三品，赏戴花翎以后晋升为二品分省候补道员，他对老宅子进行修整扩建，但出于与原来的宅子风格统一的考虑，还是没有让乔家院的脊兽张嘴。

影壁是表现力丰富的大型砖雕，也称"照壁"，又称"影壁、屏风墙"，古称"萧墙","萧"在古代与"肃肃"相通,有"肃敬"的意思。它的功能为遮挡外人的视线,避免外人向大门内窥视,也可以说是庭院的第一道"屏障",同时也极具文化装饰功能。壁影是塑有各种图纹形象的墙壁,与房子一壁或大门连为一体。

影壁可位于大门内,也可位于大门外,分别称内壁影和外壁影。在整体建筑群中有序幕和先导的作用。壁影不仅能增加空间层次,营造"藏"的意境,还有很强的装饰作用与形式美感。乔家大院壁影装饰典雅,内涵丰富,实用而又美观,兼融南北情调,具有很高的文化品位。

乔家大院大门正对面的壁影上,中心是1.9米见方的砖面,上有精工刻"百寿图"(图4-11),是由清代名臣祁隽藻所写,祁隽藻是山西寿阳人,教授过道光、咸丰、同治三代皇帝而享有"三代帝王师"的美称。一百个寿字无一雷同,每个寿字各具形态,有百种象征意义,可谓中国传统书法艺术之集大成者。更令人惊奇的是壁影两旁的一副"对联",上联"损人欲以覆天理",下联"蓄道德而能文章",其额"履和",一语道出乔家主人信奉"出入平安、和气生财"的经商真谛。人们观赏到此处,总要流连与品味,乃是因这对联有来头,为清朝军机大臣、中国近代史上大名鼎鼎的左宗棠所题写。百寿图壁影顶上刻有万字拐"万字不到头",与下面的百寿图结合在一起名为"百寿无疆"。"蓄""损"字

图4-11　"百寿图"影壁

上端为"光明如意"图，古钱、铜镜表示"光明富贵"。❶

筒楼院府门对面建有一座砖雕壁影，是土地祠与照壁合二为一的形制，仿木结构出檐。该壁檐前正面饰有上下两层万字头砖雕花边，其下正中悬有砖制匾额"福德祠"。"福德祠"亦称"土地祠"，在院中用作供奉土地神的地方。民间认为土地神可赐人以福，教人以德，尊称其为"福德正神"，寄托人们祛邪避灾、祈福求安的美好愿望。壁顶部有仿木结构斗拱出檐，檐顶脊兽俱全。两侧有砖雕对联，上联为"职司土府神明远"，下联为"住列中宫德泽长"。

"福德祠"照壁（图4-12）由上下两层组成，上层雕有古铜镜、铜钱串紧紧相连，寓意"富贵连环"；下层两端各有两只狮子两两相对，表示"四时如意"，中间从左往右依次为古代兵器戟、乐器磬、如意，寓意"吉庆如意"。壁心主体画面由浮雕枎树、寿山作背景底图，中间有互相追逐嬉戏的野鹿，富有动态，而且有很强的立体感。另外，据画中枎（福）树、鹿（禄）、寿山的谐音，也被称为"福禄寿三星高照图"。

图4-12 "德福祠"照壁

东南院大门对面也有一座"福德祠"照壁，也是土地祠与照壁合二为一的形制，较筒楼院的照壁体型稍小，同样有仿木结构出檐。该壁檐前正面饰有上下两层万字头砖雕花边，其下正中悬有砖制匾额，上书"福德祠"三字。壁两侧

❶ 王嘉信. 乔家大院·百寿图［J］. 上海集邮，2004（3）.

有砖雕对联，上联为"位中央而赞化育"，下联为"配三才以大生成"。匾额下方的仿木额枋中间雕有二狮戏绣球，有"喜从天降"之意，两端有戟、磬图，取"吉庆有余"之意。壁心为砖雕龟背纹，由四个六边形组成方孔铜钱的纹样，上下连续组成几何图案；下方中央有供奉土地神的一小方洞，洞外有浮雕仿木结构出檐门楼。壁下有须弥式基座，用砖叠砌而成，只在束腰部位有雕刻花草图案，其余素面。整组照壁流露出主人对财富的一种追求（图4-13）。

图4-13　东南院大门"德福祠"照壁

新院偏院门西侧的花墙上有喜鹊登梅壁雕，喜鹊登梅是中国传统吉祥图案之一，梅花是春天的使者，喜鹊是报喜鸟，是好运与福气的象征，喜鹊登梅寓意吉祥、喜庆、好运的到来。"梅"取谐音"眉"，喜鹊落在梅枝上寓意"喜上眉梢"；雕刻两只喜鹊，有双喜临门之意。

而在乔家大院新院跨院内的山墙上，还有一处带有精美雕花门罩的照壁，通高3.10米，阔3.13米，照壁主体为方形，有插屏式底座，照壁中间的砖雕刻有当时晋中书法家赵铁山所写的《省分箴》。文章的精华在于前三句：白天是亮的，晚上是暗的，天是动的，地是静的，万事万物都需要自然规律，不能违背规律，一切要遵从规律，做到"止足可尚"。因此，小阁名为"知足"阁，告诫人们"知足可以常乐"，由此可知乔家主人对儒家思想的尊崇。在苍劲有力的黄色字体四周，雕刻有八仙所持的法器荷花、扇子、剑、花篮、葫芦等，只见法器，不见八仙，俗称"暗八仙"。这些神奇的物件也成为民间传统的装饰纹样，有吉祥之意，与最顶部雕刻的寿桃图案结合在一起，有"八仙祝寿"之意。中间有龙凤呈祥的砖雕，民间不能雕刻龙则用麒麟代替，表示夫妻和睦。上方雕有蝙蝠，下方雕有流云，取意"万福流云"，代表福气不断。照壁两侧雕刻有两个瓶子，瓶子中插入三支古代的兵器——戟，"瓶"与"平"、"戟"与"级"同音，有"平升三级"之寓，寓意步步高升。戟的下方有磬和鱼，寓意"吉庆有余"。照壁两侧插屏底座立柱外侧各雕饰两只狮子，上下对戏绣球。常言道："狮子滚绣球，好戏在后头。"这四只狮子也称喜狮，表示"喜事临门""四时如意"。整组砖雕集高浮雕、浅浮雕、圆雕手法于一炉，层次丰富，意境深远，寓意吉祥，人文气息浓郁。

乔家大院的照壁砖雕完整美观、庄重大方，物象生动而富于变化，景物层次分明，反映出砖雕工匠们精湛的艺术造诣，这些珍贵的艺术品具有很高的艺术价值。这些砖雕历经沧桑传承至今，但仍保留着特定的时代特征，同一时期的砖雕工艺相近，雕刻的技法和纹样也具有典型的地方特色。

（三）真金彩绘

另外，整个大院所有房间的屋檐下部都有真金彩绘，内容以人物故事为主，除燕山教子、麻姑献寿、满床笏、渔樵耕读外，也有花草虫鸟，以及铁道、火车、车站、钟表等多种多样的图案。这些图案，所用金箔纯度很高，虽然长期风吹日晒，至今仍是光彩熠熠。还有线条勾金，敷底上色，都是天然石色，因此，可保持经久不褪，色泽鲜艳。

四院中屋檐下部的小铁环处刻有彩绘，描绘了这样一幅画面：一个前方有铁轨的小木屋，有辆冒烟的火车行驶在铁轨上。乔映霞是留美回来的，在美国学习了一些西洋文化后，就把"火车"雕刻在这里。同时，她也是告诫乔家子弟要见多识广。

（四）家具装饰物

1. 九龙灯

昔日慈禧太后因八国联军侵华而逃向西安时，乔家捐赠30万两银子于太后以解燃眉之急后，慈禧太后为感谢其忠诚而赏赐了两盏九龙灯（图4-14）。全国至今未发现第三盏。它是一对用乌木制作的宫灯，呈八角形，上下分别有四条龙，加上中间的一条共为九条。灯的体形虽不大，却重达71公斤。其设计的精妙之处在于下方的四条龙可以自由变换角度，从而达到使室内光线明亮的作用。

九龙灯从景观属性上讲，属于景观中的照明设施。在新开发的过程中，可以将景区内的灯饰与九龙灯结合，从而使这件国宝在景观领域得到进一步的传承和发展；同时也使乔家大院更具自身的特色，形成自己的风格。

2. 犀牛望月镜

在乔家的三号院有一个犀牛望月镜（图4-15），高2米，重1吨，用东南亚的铁梨木雕刻而成，是国家一级文物，同时也是乔家的镇宅之宝，整个宝贝由三部分组成，上面是镜子，代表圆圆的月亮，中间是祥云，底座是犀牛，因此叫"犀牛望月镜"。犀牛望月镜造型独特，样式美观，既有实用价值，又有观赏价值，堪称稀世之珍品。"犀牛"的谐音是"喜牛"，是大吉大利、喜从天降的吉祥物。

图4-14 九龙灯   图4-15 犀牛望月镜

犀牛望月镜在景观领域的应用，大致是服务设施、娱乐设施，如景区洗手间的镜子，以及将传统镜面在娱乐区改造为哈哈镜、透视镜等供游客娱乐拍照，从而实现装饰艺术在景观领域的发展和传承，甚至可以延伸出文化创意产品来带动经济发展。

3. 九龙屏风

九龙屏风由花梨木所制，因为上有九条龙而得名，九条龙用辽宁秀玉雕琢而成，雕工精巧，栩栩如生，与木质屏风浑然一体。此物从皇宫流出，为乔致庸花巨资所购（图4-16）。

图4-16 九龙屏风

4. 万人球

稀世珍品"万人球"，是个圆球形的镜子，无论有多少人在房中，也无论站在哪个角度，都可以在镜子里找到自己，而且人像十分清晰，不会变形。当年乔家的人在商议生意事务时，为了保守商业秘密在厅堂上悬挂着这个万人球，它能发现附近是否有人偷听，起到了监视的作用。

乔家大院的建筑装饰物，都是利用了当地的材料建造而成的，能够表现出当时的人雕刻艺术的高超。通过塑形、图案绘制、物品的摆设等不同的手段对建筑进行同样具有效果的装饰，可以体现艺术的感染力，增加建筑物的美感和表现能力，使得传统的民居以更多的样貌展现出来。

第三节　乔家大院院舍房屋建筑风格

一、屋顶

乔家大院内的住宅汇集了中国传统屋顶的多种形式，其中包括歇山顶、硬山顶、卷棚顶、盝顶、平顶等，各展风采。乔家大院内一、二号院的住宅采用了卷棚顶，优美的线条为灰色的屋顶增添了情趣。乔家大院主院建筑，多采用硬山顶、卷棚顶和单坡式屋顶。单坡式屋顶是一种沿墙壁顶部向院子内倾斜的屋顶形式，因为这种屋顶屋脊较高，可以加强院落的防御性，保证家人不受外界的骚扰。单坡式屋顶的设置还有另外一个好处，就是这种屋顶形成的院落较为封闭，在冬季能防止寒风的侵入。这种封闭式的大院体现了山西闭塞保守的民风。同时，单坡式屋顶能使外墙高大，也使雨水都流向院里，这是晋商们讲究的"肥水不外流"。而偏院则多采用平顶，这正突出了当时的房屋也有等级之分。从偏院望正院，那里的建筑高耸壮观，气势逼人，给了入住这个小偏院的人较强的压迫感。

有意思的是，祁县单坡顶的房子都是船侧反曲的屋面形式，这和中国传统的凹曲线、西方常见的凸曲线屋面都不同，更具有地方特色，也更让人感到新奇。平顶房和单坡顶就功能来看，没有多少差别。平屋顶上有很厚的三合土，冬暖夏凉。它们主要是等级上有差别，单坡顶的高度大大高于平屋顶，能显示出房主人高贵的地位。偏院的地平也略低于正院。居住的建筑形式，突出了人与人之间的地位差别。

乔家大院的斜坡顶屋面是用半圆形的筒瓦盖在弧形的底瓦上铺作屋面的。滴水瓦是在檐口置放的瓦，形状是底瓦前向外倾斜加有花边的三角形，形成三角状滴水头，多塑成花状、蝶状等图案。钩头瓦因图案多为猫头形状，俗称猫头瓦，是筒瓦前加圆形或半圆形瓦当头而成，并雕刻有各种图案。钩头瓦和滴水瓦相配，既易于屋面排水，也起到了合理的遮挡和装饰的作用，与屋脊线相呼应，使屋顶更加美观。

乔家大院最有特点的是房顶可以上去人。房顶从一个小暗间上去，上去以后，所有的房顶都能通行，房顶上的道路主要是为更夫设计的，有的道路很窄，要小心翼翼才行，当屋面高度不一致时，设置踏步以方便更夫行走。道路曲曲弯弯，上上下下，平房顶随便走，单坡顶都留有一条窄窄的道路，外侧还设矮的女儿墙，防止人摔落。

乔家大院房顶上还设有更夫楼，更夫楼为卷棚顶，尽管不太大，却设计了许多细部。更夫楼的设置，方便了更夫在楼上的生活。更夫在楼上巡视，既能看到外围的情况，又能看到各个院落内的情况。

从房顶上还能去各个供平日观景的眺楼，也能去几个院落的二楼（二楼不直接通本楼楼下）。大门上的城楼是上房顶暗室的必经之路，上下楼都要经过这下面的一条漆黑的通道楼梯。现在并不对游客开放房顶，所以房顶保护得很好。平顶房都是铺的方砖，估计砖下面铺的是石灰、米汤、白糖等做的三合土。

在乔家大院的房顶上，会感受到比比皆是的韵律感。在这由低到高、由高到低的起伏变化中，起承转合，抑扬顿挫，在反复、交错、连续、间歇、平衡中得到体现。

到房顶上最有意思的是看烟囱，乔家房顶上有 140 座烟囱，却没有一座雷同，这一排排精致可爱的小烟囱，被制作成各种不同的楼阁造型，每座烟囱不是设计成一个小房子，就是设计成一个小亭子，在这些楼阁上还雕刻了种种精美的图案，连门窗结构等都用砖雕的形式做得惟妙惟肖。人们在看到袅袅炊烟时，更会被这些小烟囱吸引。

二、封建等级制度观念

乔家大院为砖石木混合结构，主体结构为清代抬梁式构架。按照中国民居传统方式，南北纵轴对称布局，整个院落错落有致、动线规划得宜。在乔家大院建筑中礼制等级制度有充分的体现，不仅体现在作为建筑等级标志的厅堂主次、台基高低、构架间数、屋顶造型等宏观方面，而且也体现在一些具体构件的有无和具体形制，以及图案内容、色彩运用等细节方面，建筑中处处体现出官阶高低、主尊仆卑、长幼有序、男女有别等礼制特征。

大院为左右对称的正偏结构，正院上高下低，中庭开阔，尊卑有序，等级分明。正院宽敞，正房高大。厢房低于正房，也小于正房。正院都是四合院，正房必设在正院里，正房的屋顶比厢房高，台阶比厢房也多一两级。账房院与主人居住的屋舍相比，就要低矮简陋得多。账房不论是正房还是厢房，门前大多不设台阶，即便筑台阶也只是一级台阶而已，以示其地位低主人一等。偏院则是紧靠正院厢房墙壁修建的一排低矮的东西房，供佣人、保镖、厨子们居住。偏院院子狭长，通往正院的门闩都安装在正院的一面，这样主人可以随时到下人住处走动察访，下人则不得随便出入正院，下人的活动受到严格控制。

这样的格局是非常突出的，充分体现出封建社会的等级观念和礼制要求。台阶或踏道，也因居住者的身份而出现差别。营建法式虽然是为宫廷建筑而设置的，但到明清时期，已经广泛用于民间的豪华宅第。从山西宅院里，就可以看到这样的规格尺寸。最直观地看，就是主人居处的台阶级数较多、阶宽、台高，下人居处的台阶低下简陋，也就是通常说的，什么等级的人住什么等级的房。

中国古代木结构建筑中的"间"指的是房屋宽度，两根立柱之间的距离为一间，间数即为面洞；"架"指的是房屋进深，架数越多房屋越深，间架数的多少决定着单体建筑的平面和体量。因而，乔家大院的厅堂最多也只有五间五架或六架，为了更显气派，只能增加高度修建二层楼房。

整个宅院内有主楼 4 座，有的檐下带廊，设石雕栏板，置雕花隔扇。有的檐下是大面积的墙壁，开花窗，又是一种风味。小院有 19 个，房屋共计 313 间。

从外面看，大院四周是全封闭的砖墙，高有十多米，上层是女儿墙形式的垛口，还能看到那一个个的更楼、眺阁，仿佛是城墙上的敌楼，显得很有气势。

三、里五外三穿心楼院

乔家大院中最大的是一号院和二号院，布局形式是祁县一带典型的"里五外三穿心楼院"。其实一说就明白，就是里院的正房、东西厢房都是五开间，外院的东西厢房却是三开间，里外院之间设穿心过厅相连。除了厢房，倒座、过厅、正房都是二层楼房，这就是里五外三穿心楼院。

古人建房的面阔间数喜用一、三、五、七、九数，是因为这些数为奇数，古人称"阳数"。面阔一、三间有些小，七间为官家所有，九间是帝王专用，因此民间建宅五间最为理想。

一号院紧靠大门，是乔家大院最早的院子。院子的前面是一个横长方形的倒座院，倒座院的房顶是平顶，沿中轴线死胡同一侧设女儿墙，冥契自然，而又韵味醇厚。一号院的前院，两侧的东西厢房在檐下都暴露内部的木结构，这种处理方法称为露檐。如果砖一直砌到顶，称为封檐。中国民居基本都是木构架承重，而外砌的砖墙只能起到空间围护作用，所以，民间有"房倒屋不塌"的说法。从房子的正立面上还可以看出，南方民居的正面常为一排隔扇门窗，而山西民居不设前廊，窗子多使用支摘窗，门窗面积不大，而砖墙却占了很大的面积。一院如今是乔在中堂史料馆，主要展示乔家大院乔在中堂家族的兴衰，经商用人之道、号章号规、家族世系等。

乔家大院一号院与二号院的正房都是两层楼房，楼上与楼下并不相通，上楼要从全院那唯一的通道上房顶以后才能到达。楼房为五开间，楼上楼下均为开敞的空间，没有室内隔断。与乔家大院一号院二号院主楼遥相呼应的是一号院与二号院的倒座楼。不过，这两座高楼都是单坡顶的屋顶，从背后看过去更显得突兀峥嵘。

乔家大院内的家具为典型的北方家具风格，造型洗练，形象浑厚，工艺精湛，色彩艳丽。床做成炕的形式，上面设炕床、炕橱，人在其上盘膝而坐。在中堂的居室布置没有火炕，而是使用床榻，这在华北地区比较稀罕。居室中大部分都有暖阁，暖阁就是铺地下面有烟道烧火取暖，等于整个房间是炕。在中堂还有点与众不同，这里夫妻是分房而居的，很讲养生之道。

二号院客厅入口的门罩雕饰华美，以突出其在功能上的主导作用，居室设在东、西厢房，多为套间，外间为起居室，内间为卧室，只在面向院落的一侧开设门窗，但因房间进深较浅，故室内光线明亮。乔家堡内布局大体相似，人与人之间的往来十分密切，充分体现出中国社会中亲密的人际关系。

此院是谦益堂，是主人乔映辉的堂名。映辉是在中堂主人乔致庸的孙子，他为人沉默寡言，曾参与管理过乔家的金融事业，他不恪守祖训、封闭保守、维护封建礼教，而是在稳健中求进取，他对豪门巨户的糜烂生活有所节制，对待子女重家教、重学业，子女长大后均成为大学毕业生。如今这里是珍宝馆，陈列了乔家留存的家具、古董、珍品，如九龙灯、犀牛望月镜、万人球，是珍藏乔家三宝的地方。

三号院大长廊，马头正面麒麟送子，侧面松竹梅兰。中国画以梅兰竹菊四种花卉为主题，花鸟画为其分支。宋、元时期许多画家都喜欢画梅兰加松树，称"松竹梅"，又叫"岁寒三友"；元代吴镇在"三友"外加兰花，名"四友图"；清代王概编《芥子图画传》第三辑，即为《梅兰竹菊四谱》。这类题材，象征高洁的品格和正直、坚强、坚韧、乐观以及不畏强暴的精神。此外，柱头上的木雕也是多种多样，如八骏、松竹、葡萄，分别表示健壮、挺拔、蔓长多子；芙蓉、桂花、万年青，表示万年富贵；过厅的木夹扇上刻有大型浮雕"四季花卉""八仙献寿"，即传统装饰纹之一。八仙献寿是汉钟离、张果老、韩湘子、李铁拐、吕洞宾、曹国舅、蓝彩和及何仙姑八仙赴会瑶池，为西王母祝寿，以此组成的画面纹样，造型优美，栩栩如生。三院如今是晋商习俗展院，主要再现了清末民初祁县一带商业金融的盛况。

南面三院为二进双通四合斗院，硬山顶阶进式门楼，西跨为正，东跨为偏。中间和其他两院略有不同，正面为主院，主厅风道处有一旁门和侧院相通。整个一排南院，正院为族人所住，偏院为花庭和用人宿舍。南院每个主院的房顶上盖有更楼，并配置有相应更道，把整个大院连了起来。南院的四、五、六院以精美的砖雕艺术见长。

四号院是最精美的一个院落，一进门就能看到一个带有门楼的照壁，这种照壁形式摆脱了常规的拘束，自辟蹊径，是极富创造性的设计。四号院的偏院门设计也非常华丽，门上用砖雕砌成门罩的形式，上面又设置一个小门楼，含蓄隽永，深情绵邈，意余于言。

四号院的建筑吸收了许多官式建筑的特点，拿屋顶来说，有鸱吻、筒瓦、滴水排山、神兽等构件，因而更显得气势非凡。乔家大院四号院的室内装饰更是精美，为典型的清代风格。家具有的用弓镂空，有的云母染色，黑漆螺钿，烦琐华贵，毫不夸张地说，完全可以和故宫、颐和园的室内装修相媲美（图4-17）。

图 4-17　四号院屋顶

　　四院靠西北明楼院，原先有个小院，为在中堂家塾所在地，名叫"书房院"。原来曾设想在此处再盖一座楼房，格局与前两座楼房相同。已经开始备料，准备着手兴建，然而，抗日战争的爆发，打断了他们的建筑构思。1938 年 9 月，因不堪日军骚扰，全家纷纷离去，留下了一个"六缺一"的建筑残局。乔家大院开发后，民俗博物馆把四院开辟为花园，园内山水相依，亭桥流水，碧树鲜花，交相辉映，别有一番风韵。如今平房内陈展了《大红灯笼高高挂》电影拍摄剧照和部分拍摄时使用的道具。

　　五院为西北院，亦称明楼院，乔致庸当家后为光大门庭，继续大兴土木。他在老院西侧购置了宅基地，建起了这所院。这个院为三进五连环套院，是祁县一带典型的里五外三楼院，中有穿心过厅相连，里院北面为主房二层楼，和外院门道楼相对应。大门的马头正面为犀牛贺喜，侧面为四季花卉。主楼为悬山顶露明柱结构。楼上挂有"为善最乐"的牌匾。通天棂门，门楼的卡口是南极星骑鹿和百子图木雕。上有阳台走廊，走廊前沿有砖雕扶栏，正中为葡萄百子图，往东是奎龙和喜鹊登梅，西面为鹭丝戏莲花和麻雀戏菊花，最上面为木雕，刻有奎龙博古图。

　　站在阳台上可观全院，东偏院过门雕四季花卉、四果，加琴棋书画，取吉祥之意。由于该院与老院（六号院）隔小巷并列，且南北楼翘起，故称为"双元宝"式。明楼院竣工后，乔致庸又在与西楼隔街相望的地方建起了两个横五竖五的四合斗院，使四座院落正好位于街巷交叉四角，奠定了后来连成一体的格局。

　　六院为老院，亦称统楼院，是乔家兴建的第一个院落。六院正门为滚檩门楼,有垂柱麻叶,垂柱上月梁斗子、十三个头的旱斗子,当中有柱斗子、角斗子、混斗子,还有九只乌鸦,是绝好工艺。二进门和二门一样,为菊花卡口,窗上有旱纹,中间为草龙旋板,三门的木雕卡口为葡萄百子图。正楼上面悬挂着"光前裕后"的匾额。从进正院门到上面正房,需连登三次合阶,寓示着"连升三级"和"平步青云"的吉祥之意,也是建筑层次结构的科学安排。

东院进门两侧为喜鹊登梅,其为青竹和"福禄寿"三字,四个马头为暗八仙。正房扶栏中为葡萄,东为莲花,西为牡丹。前院内有"福德祠",八宝图上有两个活灵活现的狮子和喻为吉庆有余的图案。六院门的阴纹线刻也是很具艺术性的,两蹲石狮石础上有"出将入相""神荼郁垒"(古代以神荼、郁垒为门神,可以御凶邪避鬼魅)、"得胜返朝"等线刻,图像清晰,故事引人入胜,线条流畅,形象逼真。

四、光、影、声、香氛围营造

在乔家大院的花园内,我们可以看到这样一景:一道墙,几株树,墙壁粗朴厚重,树叶纷披,一坛清水,几块怪石,微风吹过,枝条婆娑,空中树叶籁籁,水中倒影盈盈波动,一阵缕缕花香,顿时单调沉重的石壁变得生动而摇曳。

树影、花香、月光、鸟声,这些如临梦境的虚景为这座大院的幽远、深邃之境又增添了一份朦胧之感。乔家大院的花园小而幽,位于这座大院的最深处,布局具有幽蓬、寂静的效果,利用月、影、香、声等这些虚景,与实景互相映衬,让庭院中有一种滦蓬与幽静之感(图4-18)。

中国古代的文人墨客特别喜欢描摹"影",尤其是花树之影。大院的影是水中的倒影,是树枝映在墙壁上,光透过树叶点点滴滴地洒落在墙壁上,形成明暗交互的效果。大院的香是流动的,随处可闻,随处可嗅。花园中一汪清池边的垂柳,长廊上攀着的青藤,墙角的绿筠、池边的小梅,都散发着阵阵的清香。中国人讲求与自然的融合,美景造景,甚至借景,大院的空间布局狭长而紧凑,除了花园,其他的几个院落难以种花草树木,但大院中处处可见盆景,在大院的甬道两边一步一个盆景,在每个大院的入口处,利用大量盆景,造出花团锦簇之貌,甚至大院的匾额、联和雕刻中也可闻到那花香,大院书房顾额刻成莲花状,漆上青色,上刻"会芳"二字,让人恍若于清池中看到朵朵莲花,匾额"芝兰第""丹枫阁",以及大院处处雕刻的灵芝、竹、葡萄、牡丹等,使这个幽远深邃的大院,处处流动着阵阵暗香。

图 4 - 18　大院书房

借助光、影、声、香等虚景和人工环境，互为借鉴，达到天人合一的效果，深化和突出了大院那种幽远、深邃、朦胧的意境美。

乔家大院作为清代晋商文化的产物，具有重要的历史价值、建筑学价值和美学价值，我们既要看到它在空间布局、装饰艺术、建筑形制等各部分的研究价值，又要注重它的整体性。它的造型艺术、表现手法，以及所表现出来的深厚底蕴和意境，都为新的装饰艺术提供了肥沃的土壤。乔家大院这种独特的装饰艺术，无论是过去还是现在抑或将来，都会以各种艺术形式出现在我们的生活中。

五、铺装

院落的庭院大都是方砖墁地（图 4 - 19），方砖的尺寸规格多为三四十厘米见方。等级越高的建筑，铺地的要求也越高。铺砌地面时，工匠须严格遵守磨砖对缝的要求，有的还要在砖缝中挂上油灰。油灰的主要成分是白灰和桐油，以保证地面的牢固耐用。考究的地面在铺砖之后，还要涂刷几遍生桐油，保持表面光滑美观。明间的中线上须用整砖，不可以对缝。而在游廊或室外铺地时，除了中线上必须用方砖之外，边上可以配砌小砖，院里十字甬路的中线上要用方砖，边上也可铺设小砖，舒解一下等级制度建筑的沉重压迫感，营造轻松活泼的氛围。年年岁岁生长在大院砖缝中的小草，随着循环往复的自然规律，对院落的兴衰和主人的变易，或许早已经淡忘。宅院之所以能保持到今天，与其制作过程中的精良工艺密切相关。在北京故宫里有"金砖"墁地一说，而晋中乔家这样显赫的人家，也都采用了相似的做法。

图 4 – 19　甬道

封建时代遵行男尊女卑的纲常观念，旧观念在乔家大院的院落中打上了深深的烙印。小姐的绣楼通常修建得低矮窄小，虽说是精致小巧，却也有旧时不许女子出人头地、女子个性不得张扬等传统说教隐喻其中，束缚女性的三纲五常、三从四德在宅院建筑中得到充分体现。

六、居室建筑和院落共为一体

中国最早的居室建筑是和院落共为一体的。广大的北方地区，寒冷干旱，多风少雨，北方人要尽可能地利用阳光采暖，所建四合院的跨度较大，庭院也开阔一些。北方的大宅院里，每个院子都有两大部分，一是供家人起居、工作、学习、生活的房屋建筑；二是有围墙圈起的家庭成员共用的院子，院子里有起装饰作用或教化功用的影壁，有虚实相间的垂花门楼，有隔断作用的花墙等，乔家大院就是这样的建筑。从建筑角度讲，"庭者"即堂阶前也，"院者"即周垣也，宫室有院墙者方可称院。中国庭院建筑的空间意识，在于把宇宙概括为象征模式置于人的生活起居中。庭院空间的联系，不是数量上的叠加，是空间的流动和文化气息的延伸。其室内空间和室外空间，内外相生，虚实相形，让人感受建筑主体中的人与神明共处一方的内在融合关系，体察人与世界的参赞化育关系。

大体上北方地区的住宅建筑庭院开阔，与江南宅院相比，北方土地广袤，人口相对稀少，人们的活动空间相对宽松一些，院子的面积也就圈建得宽大一些。东、西、南、北四面的屋舍，在转角之处互不相连，适合北方干燥寒冷的气候特点。北方的院子是住宅的重要组成部分，在人们的生活中占有极其重要的地位。北方庭院甚至可以说是中国哲学思想中"虚"与"实"、"有"和"无"的具体反映。庭院的功能就是居住屋舍的延伸，是半开敞的多功能活动区域，庭院把大自然圈画到人们的生活中来。

乔家家族大，院子也大，一个院子不够，就发展成二进、三进甚至是罕见的五进院落，并且僻出正院、偏院，以便于主人、仆佣的活动和起居作息。房屋的规模大小和气派如何，基本上反映着主人的身份和家族兴旺的程度。乔家占地面积较大，然而在高墙峻宇中，更多地表现出了封闭严实的特点，这也是北方人对内开放性和对外封闭性的性格体现。而皖派建筑则在有限的空间中，尽量呈现疏朗、明快的开放型风格，不过，与山西宅院比，皖派建筑的隔断性和保暖性方面相对差一些。

七、水缸摆放

古人认为，水源也是一种财源，充分利用水源会财源不断。因此，乔家院落中常见水缸，同样它也有聚财的寓意，还可以消防。乔家大院整座古建筑群的总出水口位于甬道尽头的大门旁，为便于排水，大院的中轴线甬道地形自东向西逐渐升高，甬道南北两侧的院落地势也顺次逐级抬高，迎合了"人往高处走，水往低处流"的俗语（图4-20）。大院中的雨水经弯弯曲曲的地下水道，从各院门旁的出水口流入甬道，最终这些水流都汇聚甬道，从宅门旁的总出水口流出大门外，有"盘龙水道，水旺财足"之说。

图4-20　水缸放置

八、讲究风水

建筑与风水是生活中常常涉及的问题，也是建宅过程中必须考虑的一个因素。古人认为，居处风水事关家族兴亡，关乎子孙后代的发达，所以置地造房，总要尽可能地附和风水，祛除邪恶，张显吉祥。民间的堪舆之术源远流长，占据了风水宝地，便会家族兴旺，福泽绵长，地利强人丁旺、地气壮事业盛等说法，几千年来长盛不衰。人是天地万物之灵，依靠天地万物而存在，顺应地理环境而生存，利用和改造自然环境而实现自我保护，那么，居处环境与条件的选择，无疑是建筑深宅大院的人们放在首要位置的事情，也包含一定的科学道理。生活环境有优劣之分，这是唯物辩证的看法，择风水宝地，有一些科学的成分在内，然而也不能过于迷信，走向极端。

明清山西宅院建筑中，对风水也是颇为讲究的。建院前，先请风水先生堪舆选址，起根脚、上梁时，要祭拜天地、鸣炮示庆，墙腿刻"泰山石敢当"，或者在门前立一石敢当，房后立一避邪镇妖之物，求得心理上的平衡安慰。祁县乔家宅院从一号院的院门向里走时，地平线逐抬高，至尽头的正屋，还要修建几级踏步，既迎合了风水术中"前低后高，子孙英豪"的说法，又符合建筑物的内在要求。明清时的山西许多民居建筑物多有负阴抱阳、背山面水的特点，背山可以迎纳阳光和温暖气流，面水可以迎接夏日的凉风，向阳可以采纳良好的日照，缓坡可以避免淹涝之患，形成良性循环的小气候。这既有科学的一面，也有媚俗的成分充斥其中。

以晋中通行的阳宅相法对乔家大院的空间格局进行分析，可知风水理论所起的重要作用。至于其核心要素，则离不开宅院的开门位置、房屋分布和屋宇高度。其中一院、五院是乔家年代最老、规模最大的两个宅院。二者空间布局类似，均建成于清光绪年间。以最为华丽的五院分析，此院为北方典型的偏正式四合院，主院在西，跨院在东。五院本为两进，因光绪年间加盖了外跨院而形成目前的三进格局。因此，五院乃动宅，当以穿宫九星法相之。相对于主院而言，五院大门开于东南巽位。院落正房均坐北朝南，即为坎宅。在整体上，五院便形成了坎宅巽门的最佳风水格局。

第四节　乔家大院景观建筑风格

乔家堡村就有一个木匠铺专门为"在中堂"服务。盆花也是"在中堂"必不可少的，常年雇佣十几个花匠在花园培植花卉，每季更换品种。所以现在有人参观时说，院内绿化不够，其实当时每院都摆设盆花。但是，除后花园外乔家大院的院落里几乎没有树木，这是因为它的每个院落都是东西窄、南北长的长方形庭院，形似一个"口"字。若里面种上树木，则形成了一个"困"字。同样，院落里也不能单住一个人，否则它就会变成一个"囚"字。

山西地处中原，植物种类少，园中常以古树为主，间以盆栽花卉，属因地制宜，补天时不足。常见的树木有松、柏、槐、楸、榆、银杏、杨、柳等，花卉有丁香、野蔷薇等，少奇花异草。

在清代，山西是经济发达地区，晋商是当时中国最大的两商帮之一，山西商人积聚了大量的财富，在家乡广建深院巨宅，加上山西固有的文化底蕴，形成了具有晋风特色的建筑群和古园林。受地域、信仰等物质和精神因素的影响，比起北京园林的富丽和江南园林的清秀，山西园林以它独有的古拙和雅静示人，只是后来经济萧条、局势动荡，山西园林便无人经营，年久失修，甚至遭到破环，留存至今的少之又少。

乔家大院有后花园，建于院落的西北角，这里原为书房院。乔家花园建于凹地中，以中国传统山水园为模式，园内布局简洁，平直古拙，古树葱郁，花卉繁茂，可引水，没有江南园林的幽静秀美，却也清爽宜人，是山西宅院风貌的代表。

理水为以水造景，是中国古代园林设计中的一种手法。因山西气候干旱，实在无水，故山西园林只能独辟溪径，集房檐水做瀑布或汇集至池中，或由井中取水，更有"旱水池"的做法。后花园内精心构筑水池，水池是全园的中心，水池依地而建，蜿蜒曲折，水面虽小却为小园增色不少，富有情趣。

叠石为以石材造景，也是中国古代园林设计中的一种手法。山西园林就地取材，叠石多用黄石，叠置简单古拙。乔家后花园一般是土山夹石，也有在土崖上裱石叠山的。假山一山三峰，三峰皆构石洞，主峰之洞用于储水，成为水洞，次峰之洞才成为山道的门洞，煞是有趣。假山、叠石形态各异，如今，叠石已不局限于过去的民宅造景中，它越来越多地出现在城市景观里。无论叠石的形态、色泽还是它的纹理，都体现着自然的气息。叠石具有传情的作用，中国早期就常借堆山砌石来抒发情感，创造意境。叠石除了具备观赏、传情的功能外，在小环境中还可以充当休息设施，表面光滑、形态饱满的石头常常被置于道路边、树荫下，供人休息。乔家大院的堆放就满足了人们各种休息活动的需要。

乔家后花园内东西各有洞穴通山后土窑，窑有三孔，上面建有楼房，园中窑上建房为山西园林一大特色。山西民风古朴，屋宇、民俗都循旧制，山西古园的风格大体为明代遗风，古拙、平直少修饰、不灵巧。与江南园林的灵巧和官苑园林的富贵相比，山西古园有其俊逸脱俗、古雅静拙的独有格局。山西建筑极守旧制，园林建筑常以前代为法则，现存建筑多为明代风格。园中屋宇样式古拙但做工讲究，且有山西特殊的彩绘，如最上等的绿底沥粉描金彩绘显得富丽古雅。另外，因气候寒冷，门窗严密厚实，无江南园林的别透，但也凝重幽静。

第五章　乔家大院装饰艺术的分析与研究

第一节　传统文化元素和景观设计的关系

社会在不断发展，时代在不断进步，设计者也在不断探索传统文化元素与景观设计的关系。在现代园林景观设计中，传统文化元素已经受到设计师的青睐，现已初步形成了新的风格，将逐渐形成有机的整体。在设计多元化的趋势下，对人文方面、精神层面的建设可以说是迫在眉睫，设计之路任重而道远。若使一个作品既有文化内涵又具有时代特征，对传统文化表现形式的理解是一个必要条件，还需要对传统文化元素加以改造，或者说是重新组合。

中国古典园林设计博大精深，体现了"天人合一"的思想，有着深厚的文化底蕴。❶ 而在现代园林设计中，多在构建人居环境时融入中国传统文化元素，从而体现出人与自然和谐统一，可谓有异曲同工之妙。由此可见，中国传统文化对现代景观设计具有重要的启示和参考价值，深入研究传统文化是设计者提升设计内涵和思想高度的一个很有效的途径，同时也是对历史的传承。中国传统文化元素的传承和发展与现代景观设计紧密联系，是传统理念在现代风格中的继承和发扬，这样才能在现代创造出具有中国传统意境之美的现代化园林景观，最终实现发展自己传统风格的设计文化初衷。

一、形的衍生

新事物的产生往往意味着旧事物的凋零，是一个循序渐进的过程，但不意味着对旧事物的全盘否定，相反，对于旧事物而言，新事物是具有对旧事物的传承

---

❶ 李泽厚. 中国思想史论［M］. 合肥：安徽文艺出版社，1999.

性和延续性的。纵观古今上下，人类文化从远古的象形文字开始到后来每个时代的造型艺术，看似有很大变化，其象征意义是相通的，罗马式的建筑不就是在希腊式的建筑上改造和发展的吗？不过是赋予了特定的时代特征和地域文化，并没有把旧时代的东西全部抛弃。乔家大院中的雕饰艺术随着时间不断地发展、随着历史不断地沉积，通过这些极具特色的雕饰，我们看到所处那个时代、地区的人们对艺术的理解以及真实表达。

当我们用现代的审美观尝试去理解和欣赏传统的民居建筑雕饰，然后归纳出其美学特色，同样能满足现代社会的审美，在现代的设计中将这些理念考虑进去，因为其融合了传统艺术元素和现代审美元素，往往可以创造出自然而又具有创造性的作品。在现代室内设计活动中，对乔家大院中的传统雕饰造型的创新，远不是简单的拼凑和复刻那么容易，而是要在深刻理解其内涵的基础上的重新创作，简单说，就是对传统元素的提炼、改造和运用，赋予其民族特点和时代特色。

（一）传统大院构成元素的提炼和改造

如上文所述，在现代室内设计活动中，对乔家大院中的传统雕饰造型的变换与更新，远不是简单的拼凑和复刻那么随意，而是要在深刻理解其内涵的基础上的重新创作。审美会随时间而沉淀，会因地域而积累，单纯的模仿会导致现代设计与现代审美脱节，从而显得不伦不类。我们对乔家大院雕饰进行归纳、总结、和使用时，主要关注其内涵，追求其韵味，而非拿来直接使用。大院中造形优雅、意蕴深厚的雕饰琳琅满目，直接复制即可造型美观，还能将其特色充分地保留下来，这一行为相对容易；对于其他较为复杂的雕饰，可以通过化繁为简的方式，提炼出它的神韵，经过简化后的图形，主题往往精简突出，使人一目了然，既简洁又大方，还将原有的装饰元素整体保留；也可用几根简洁的线条来表达一些抽象的、较为复杂的图形，使整体在有韵律的同时不失简洁。最后把这些再设计过的装饰元素运用到现代设计中去，使其既有传统的形，又与现代审美相吻合。在此过程中还可借助想象力，将某些造型特征适当夸张，这种夸张也是再创作的方法，经过提炼后，作品的表达力更突出，主题更鲜明，也更具感染力。

再有就是将传统造型分类、拆散，经过新思路、新方法、新技术的升级后重新拼接组装起来，从而符合现代审美造型的要求，这不仅使传统装饰形象更加丰富、得到发扬和完善，同时还被注入了当代许多新元素。

（二）传统大院的造型方法及形式的运用

以现代室内设计的视角来看乔家大院建筑雕饰的造型方法和构图形式，是具有传承性和传承意义的。比如，对重点突出表达的事物总是高度概括，通过减弱或取消一些非必须存在的空间层次来着重表现主要形象，打破传统上被束缚的比例，使得造型紧凑、重点突出、体态更加丰满。其实许多传统造型艺术的法则和规律，经过演变，就成了现代设计中的设计法则与规律。乔家大院建筑雕饰所展示出的事物的多维度、多层次、多瞬间，挣脱了客观自然逻辑上的束缚，体现为建造过程中能够把不处在相同空间、相同时间的事物结合起来。在同一个造型上，这些常用的雕饰造型方式，严谨地讲并不符合透视学，但它通过极强的装饰性，营造出了满满的传统造型艺术的韵味，且满足了人们的审美趣味。

二、意的延伸

中国传统艺术永远具有深刻的精神和象征寓意，极高的欣赏价值主要表现在其形态上，这也解释了为什么中国传统艺术可以生生不息，源远流长。中国传统的造型艺术，是先人们在适当理想化的情境下，加之浪漫主义思想的影响，借助比喻、借喻、谐音、象征等艺术手法来抒发内心向往的艺术。

乔家大院建筑雕饰中一些延续至今的造型，一方面是当时人们审美观念的流露，另一方面也是对人们社会生活的记录与再现。恰恰是人们对美好生活的积极向往、对美好寓意的执着追求，才使大院建筑雕饰的造型得以传承和发展，还产生了不少相近门派，其内涵可以说赶超了时代。❶ 正如上文所述，新事物的产生往往意味着旧事物的凋零，是一个循序渐进的过程，但不意味着对旧事物的全盘否定；相反，对于旧事物而言，新事物是具有对旧事物的传承性和延续性的。

每个时代产生的艺术都不是把传统推翻而凭空出现的，是在传统艺术的基础上赋予了其新时代的特色，由此传统的装饰才可以不断得到补充，时间在历史的长河里，不过是起筛选作用，最终仍可留传下来的更是难能可贵，是不能摈弃而要继续传承的。

人们总是对美好的事物充满向往和寄托，所以象征吉祥的传统造型在现代设计中同样受人青睐。人们对子孙后代的教育、对美好事物的向往从来不分时间先后，这使得传统艺术造型与现代艺术造型建立起了相通性，通过两者的融合，孕

---

❶ 付雅菲. 乔家大院的建筑雕饰艺术研究［D］. 南昌：江西师范大学，2016.

育出了具有社会性的更新、更深层次的精神理念。

三、神之传承

时间犹如大浪淘沙，不同时期的艺术造型往往具有不同的艺术形象，但是其中蕴含的精神文化是相通的，将神韵再现，就是对传统造型艺术最高层面的、最深层次的延续。在传统造型艺术的基础上创新需要我们正确地看待美学的表相化，钻进更深层面的文化精神领域，发掘传统与现代的结合点，捕捉真正具有民族文化特色、被大众认同的现代设计。

乔家大院的建筑雕饰是传统造型艺术中的一种，与其他传统艺术的表现手法大同小异，都蕴含着浓厚的文化底蕴。表现手法重点强调和突出事物的外形，重视其隐含的精神，不但保持着美观的造型，而且还能启示人们，引起人们的反思。不同时代的外形有着明显的差异，是因为不同的时代有着不同的原料和工艺，但其重点是传达出一些意义，因此这些造型中包含的内在的思想反而全部保留了下来。

同样地，现代艺术创作有了多种多样的材料，在制作过程中有了新工艺，使得新产品有了新质地，这一切都得益于科技的进步和新物质的不断发现。在此期间，受外来文化的影响和生活环境的改变，人们的理想和愿望与古人有了很大不同，这势必会对传统工艺的传承造成限制；但从另一角度讲，这也促进了在新时代的工艺中融入传统造型工艺，这便是历史长河中的寻常一笔，也因新工艺的加入使传统工艺变得丰富，灿烂的文化才得以孕育。

最后，想要进一步发扬传统造型艺术，就要求我们要源源不断地去了解、发掘、捕捉乔家大院雕饰艺术的工艺和文化底蕴，不断归纳总结，与现代新思维、新观念结合，打造新的装饰造型。想要找到适合的新造型，抓住传统是关键，是真谛。

第二节　乔家大院装饰艺术特征及举要

一、老庄思想

乔家大院位于祁县东部的乔家堡村，村头有大片葱郁的柏树林和可灌田千亩的蜿蜒水渠，乔家堡就藏在这大片的树与水中，远离尘世的喧嚣，是一处"同处寻幽"的境地。再加上乔家大院自身碉堡式的外形，典型的狭长型深宅大院，更加具有幽邃之静，这是受到了道教思想的影响。晋商虽然主要受儒家文化的影响，遵循积极入世之道，但同时，又受到道教思想的影响，讲求虚静，需要在商场驰骋之后，为自己找一处安顿性灵、享受生命的处所，可以静静读书，悠闲地喝茶下棋，顿悟人生的真谛。

老庄主张"道法自然"，把大自然本身看成是人类情感的载体，追求人与无限的自然合一。老庄认为宇宙的玄妙是微小的人所不能及的，人只是大自然的微小的一部分，人应超越人世间而归向自然，并主动去追寻自然。老庄的这种物化精神，赋予了自然人格化，同时也净化了人的性灵，使人性自然化，这样便可以使人进一步想在自然中、一山水中，安顿自己的生命。因此，道家主张人与自然的合一，重视心灵的安宁与精神的自由，认为人只有在"虚静"的状态中才能领悟到天地万物之美。这种悠然忘俗、尽显逍遥本色的道家思想，反映在乔家的环境布局上，特别讲求情景合一，希望在外驰骋商场后，退回神仙般的仙境中，独享那份虚静与安宁。

二、刚柔并济

大院为了突出柔性风格，以实现外形上刚柔相济的审美风格，在营造时运用了方圆相胜的手法，即直线型和曲线型的相互配合，从而达到由方入圆、因圆识方。大院是四方围合的建筑体，其中建筑单体都位于中轴线的两端，呈现出直线对称的格局。但大院的空间流动则是呈曲线型的，除此之外，花园的布局设置也是一种流线型造型。方是有形之体，圆是无形之韵。"圆"是一种运转方式，"方"则是其内在精神。圆即转，转即活，体现出轮转不息的生命情怀。

在乔家大院的匾额和楹联中，用和风、玉树、彩云、幽泉、鹤、鸟、竹、笙簧营造了一个恍如隔世、优雅静谧的仙境。乔家大院最幽深、最安静的地方莫过于书房了。乔家十分注重教育，认为优美的环境会熏陶出品德高尚的人才，正如温暖的地方，兰草会长得更加旺盛；和风吹拂下，丹桂之香会随风而至。因此，乔家把书房布置在最为静谧的地方，挂上荷花状的匾额，上刻"会芳"，希望在最静、最深处，他们的子孙保持读书的好心境，悟到诗中的真谛。

三、曲径通幽

乔家大院的装饰美在于它的深和藏，处处是景，但景致从不雷同，可谓"片瓦有致，寸草生情"。沿着乔家的石板小径，在它错综复杂、循环往复的结构布局中，欣赏乔家大院的美，在时空交错中感受晋商文化与生活，这就是一种"曲径通幽"的境界。

乔家大院六个院落是互通的，除了书房院其他五个院落都由正院和偏院组成，在每个院落的入口处都设有影壁，呈现院中套院、屋中套屋的景观，以至于游览路线呈现曲折回旋的特点。乔家大院的这种空间布局，一方面可以方便生活中的需要，既有利于私生活的隐蔽，同时又有利于交往方便。另一方面，从观赏的角度看，这种循环往复的曲线型布局特点，加强了乔家大院的构景变化，使大院的景致丰富深远，获得了空间上的引伸和时间上的延续，使有限的大院空间给人以连绵不尽的无限之感。这正是由于曲线相对于直线具有多样性和变化。由于这种线条具有如此多的不同转折，可以说（尽管它是一条线），它包含着各种不同的内容；它不仅使想象得以自由，从而使眼睛感到舒服，而且展现了其中所包括的空间的容量和多样性的表现力。大院这种循环往复的空间导向性的审美功能，促使审美主体领会到悄然幽邃的意境。

从艺术上讲，乔家大院的这种循环往复的空间布局，是受到中国文化的影响。中华民族的特点，是表达委婉，重视内蕴，强调内忍，强调言外之意，古人认为象外之象、味外之味才是美的。中国人强调的美是一种悠长的回味，是一种不张扬的美。中国人观赏美的方式，是徐步进行的，总是把那些最有韵味的美，放在最深、最幽的地方，庭院深深，深在于曲，深就是曲。

四、意境美

大院在建造时，为了达到内部环境远、深邃的意境美，主要运用了漏、隔、远等手法，这些手法的运用，产生了深藏内敛、弦外之音的含蓄美感。

首先是隔的手法的运用。乔家大院共有六个大院，每个大院都是各自封闭的，形成各自独特的景观。这种隔的手法的运用，使各个大院自成一个生命单元、一个生命整体，同时，又与其他庭院襟带环映，显示出风格的统一一致。这种隔的手法使大院布局参差错落，统一中富有变化，同时使欣赏者体会到深不可测、幽深处定有桃源的美感。

这种隔的手法，同样运用在每个庭院和乔家大院的入口处。大院中每个庭院的入口处都设有一个影壁。乔家大院的影壁有两种。一种是门楼外的独立影壁（图5-1），在距大门5米处，使门前形成一个缓冲先导的空间，还能遮挡门外的凌乱，清洁门口环境。另一种影壁位于厢房的山墙上，如东北院东厢房的山墙就设有一个与土地祠合二为一的影壁。隔是为了隐，隐又会给人以无限的遐想。只有隐，才能增加那种空间布局的幽深之感，这种隐的手法，会让人体验到空间感并浮想联翩。

图5-1　独立影壁

　　其次是漏的手法的运用。"漏"体现了物体的空灵透明之感，如同月光透过窗子投射于室内的形象，既隔且通，实中有虚，玲珑剔透，气韵幽远。大院漏的手法，主要运用在镂空窗和门的设计中。乔家大院东北院和西北院位于轴线之上的门，采用镂空的雕刻手法。门的上半部分，也就是格心的位置是镂空的，吊空纹饰丰富多彩，有斜方格眼、品字回纹等。腰板以下则为实心，多以浮雕装饰，或山水花鸟，或人物故事，多显雍容华贵之感。随着空间一层层渐进，从最外侧的门向内看，各门层叠，环环相套，具有很强的引导性和景深感，达到庭院深深的效果。人们行进在各门之间，步移景异，于是便抱着无限遐想，不断去探究门后隐藏的天地。

　　乔家大院的窗多为镂空窗，在窗户的构型上，有仿明式酸技棂丹型窗、条栅型窗、通天夹扇菱花型密、雕花型窗、双开扇型窗和挑启型窗，具有很强的装饰性。大院窗户漏的通透作用，为呆板的墙体增添了些许灵动感，同时达到了空间渗透的效果，室外景色通过各种形状的窗洞以及洞内不同纹样的格纹倾泻到房间之中，形成精美的画面效果，而窗外的人也在渴望探寻窗内的景象。漏的手法使大院封闭、规整的空间产生了一种纵伸的效果。

除了隔和漏的手法，还有远的手法的运用。在乔家大院最深、最幽静的百尺高楼上，倚栏而望，远处那朦胧的美景尽收眼底，看着远处的景色，大院主人在退却商场的疲倦后，登上高楼，仰天地，极目远望，心灵摆脱了现实的束缚与不自由，让自己逍遥于空的精神境界。也许这就是修建高楼的真正目的。

纵观大院，四面围合的方正建筑，会让人产生庄严肃穆之情，但同时也会给人以呆板之感。大院的设计者，意识到了这一点，在大院的建筑造型和空间布局上尽其所能化静为动，让方正规整的大院显示出一种凝重之中的飞动之势。大院的飞动之势是欲动未动，主要体现在大院的飞檐翼展上。大院的屋顶有硬山顶、卷棚硬山顶、歇山顶等，交错分布，仰视整个大院，有的如人耸立张开双手，有的如人搭箭奋力拉弓，有的如鸟张其两翼待飞，有的如鸟展翅高扬。乔家大院的屋顶设计极有动态性和装饰性，大院屋顶的曲线，向上微翘的飞檐，使这个本是异常沉重的往下压的大帽，反而随着弦的曲折，显示出向上挺举的飞动轻快，再配以宽厚的正身和阔大的台基，使整个大院看起来有种稳如泰山、飞如流云的态势，是一种静穆中的飞动，这符合了中国艺术的动静理论。在中国艺术中，最讲究动静结合，静中求动、静中藏动使艺术具有真正的生命感。

大院的这种欲动之态还表现在无处不在的雕刻上，如上文所述，大院的雕刻多采用透雕和浮雕的雕刻手法，且手法细腻，层次丰富，立体感强。在题材上，多为云彩、雷纹、龙等，无一不呈现一种飞舞的状态。此外雕刻的人物造型无论大小，皆繁简处理得当，衣物飘逸，五官清晰可辨，神态活灵活现、神采奕奕，狮、鹿等动物在刻画上，多注重神态，憨态可掬。大院的雕刻从总体来说，形神兼备，但更重神的传达，而且在人物的刻画上重在包孕性时刻的描绘，且多以纹饰、祥云、龙、鸟等装饰，整个大院的雕刻呈现出呼之欲出的生命感，为大院单调的墙壁和方正规矩的房屋带来了一丝飞动感。

五、布局律动感

建筑也被称作"凝固的音乐"，从整体上看，乔家大院那巨大的体积，复杂紧凑的空间布局，和谐的比例关系，流动性的空间安排，数的形式美结构，装饰色彩繁简的渐变关系，似一场正在演奏的大型交响乐，既有合鸣的气势，也有各种乐曲自身独特的乐律，充满了韵律感和节奏感。

大院的空间布局复杂而紧凑，空间序列感强，有高低、起伏、疏密、虚空、进退和间隔的交替变化，在游览大院的过程中，大院静谧幽邃的空间具有了一种时间的流动性，大院空间布局的有规律变化产生了一种抑扬顿挫的律动感，这就似音乐中的节奏和旋律一样，有序曲，有高潮，有尾声，使整个大院的空间化静为动，静中有动，动静结合。大院的东北院和西北院是三进五的连环套院，中有过厅，院落呈狭长型，且宽度一致，厢房都分布在中轴线的两侧，中轴线的顶端是大院的主楼，从东北院的入口处到顶端地势是逐渐抬升的。在狭长的空间内，随着地势的升高，厢房的高度也随之提升，节奏变得越来越强，过厅的部分有如乐曲的小高潮，到主楼时，为乐曲结束时的最高潮部分。这段乐曲，高潮迭起，节奏紧凑，有着极强的韵律感。东北院的这种布局有如北京的故宫从正阳门、端门、午门、太和门到太和殿、保和殿、中和殿直到景山，沿长达七华里的中轴线展开，十几个院落纵横交错，有主体，有陪衬，有烘托，俨然一组巨大的石头交响乐。

六、南北交融

乔家大院建筑雕饰既有北方浑厚朴实的特色，又有南方秀雅细腻的特点。它不仅带有浓郁的地方风格和民族特色，且反映出当地的文化内涵。因此，在工匠的规划和建设之下，宅院的装饰物不仅具有美学作用，更具有坚固建筑物的作用，结合了实用性和艺术性以及思想性、观赏性，融合在一起，形成了具有独特艺术和美学的建筑群体，也就是我国的传统建筑。

七、外雄内秀

乔家大院的建筑外观虽然被造型迥异的门、楼、壁装饰得雄浑舒展，但从外部观察，这些民宅大院显得颜色暗沉、风格单一，让处于高墙之外的人们感到些许凉薄和冷漠。"外雄内秀"是山西传统民居的最大特色，宅子中的砖雕、石雕和木雕无一不是精致的，而且能够很好地描述和体现园子中各部分的特点，形成一个园内景色和外部设计对比鲜明。风格和谐的院落，东西多，但是错落有致，人们置身其中时，随时都能感受到来自装饰和建筑的美，如在画中一般，让人深入其中，不思其出。传统的民居把我国古代文化的一些传统技能，比如雕刻、匾额、楹联等艺术形式，结合在一起，形成一场视觉的盛宴，并且在对这些艺术形式进行结合的时候，有效地利用了象征、对比等表现手段，把人们的审美与理想结合起来，这些园内景色主要用在写意上，使得建筑物可以有情有趣，并且能够体现我国的传统文化。在建筑物的造型设计上，造型非常精致细腻，错落有致，不管是色彩还是材料的选取，以及花纹的搭配上，都是别具一格的，让人觉得建筑物更加庄重、典雅、古朴，给人些许含蓄和有秩序的感觉，而且传统的建筑装饰物样貌多种多样，并且都非常生动。在雕刻的过程中艺术家会采用高低浮雕的结合手段，对艺术进行规划和建设，使得装饰物看起来更加错落有致，更加生动，在层次感上还带着些立体感，让人不知不觉地融入其中。雕刻的风格也是不同的，有的庄严一些，有的优雅一些，有的大气，有的温婉，但是不管哪一种，在突出装饰性的同时，也有写实在其中。

这样的装饰物，不仅让人觉得乔家大院朴实庄严，更让人有种自然而成、不做作的感觉，华丽但是低调，在简洁中带着些许条理，不单调。装饰的纹饰来自自然，又融合了生活，使其具有独特的魅力和内涵。

第三节　乔家大院在城市景观空间中的定位与作用

一、价值体系

（一）历史价值

乔家大院承载着晋商的历史和文化价值。

首先，乔家大院代表着清代山西商人发展的辉煌历史。纵观国内外主要古建筑的遗迹，能够保留至今的大多在历史上古建筑内部及其周边，其中承载着深厚而独特的文化。这些传承下来的历史文化都是人类发展的宝贵财富。因此，在建筑上，乔家大院是山西历史和文化发展的关键点。

其次，乔家大院是山西晋商历史的见证，也是山西城市建设与发展的一个缩影。从对乔家大院景观保护与发展的进程之中，我们也可以看到乔家大院及其周边景观区域的历史兴衰，有时城市的建设需要依附于古建筑来发展，有时古建筑的未来则需要依附于城市的建设与发展。

最后，乔家大院的建设与发展也承载着周边居民对昔日生活的许多美好回忆，在城市发展中，在古建筑景观的周边，一般都存在着一些住宅区和居民楼，这些地方的居民与古建筑景观之间产生了特殊的情感。因此，乔家大院景观建设未来的发展也与其周边居民的日常生活习惯密不可分。乔家大院也是对当地城市居民生活记忆的记录与承载，是能够让乔家大院未来焕发出长久生命力的重要源泉。

在城市里，景观空间中的建筑就像一本厚重的古书，承载着、记录着一座城市的历史、文化与发展，古建筑景观的保存也是对城市景观历史底蕴的最好诠释。

（二）情感价值

乔家大院的民族性，充分证明了乔家大院中所蕴含的丰富的情感价值。

首先是乔家大院与城市的情感。乔家大院的发展与城市建设的发展是紧密相连的，乔家大院景观空间的限定与扩张的内在动力，是城市景观的发展与空间的拓展。

其次是乔家大院与民族的情感。乔家大院的兴衰，从实质上讲也是城市景观的建设与历史发展的见证，乔家大院的传承、发展、建设，以及功能的更迭，展现了城市景观发展空间格局的变迁，也伴随着晋商的辉煌与衰落。因此，乔家大院与民族之间有着深厚的情感，将乔家大院的设计、施工、改造、保护等内容与城市、历史、社会的发展以及一些客观要素结合起来进行分析，就会对乔家大院的内涵与价值有更加全面、深刻的理解。

最后是乔家大院与生活的情感。乔家大院作为城市景观中的古建筑，具有空间限定的作用，古建筑的景观要素与城市建设发展相关联，与当地城市居民的生活相关联。因此，乔家大院是丰富的民族情感的象征。

（三）使用价值

在城市景观的发展中，如今虽然乔家大院的居住功能已经不复存在，但是乔家大院对城市景观与城市建设发展，仍然具有着极其重要的价值。例如，某些城市将围绕古建筑将周边建设成环形城市公园，有的城市利用古建筑，建设了历史博物场馆；有的城市利用发掘出来的古建筑景观遗址，在遗址的基础上再进行美化和设计，建设成为具有地标性质的城市景观遗址公园。总之，古建筑在现代城市景观的发展与建设中发挥着越来越重要的作用，成为城市空间环境的创造、城市发展与空间的重要物质要素。

二、乔家大院在城市景观中的定位

（一）定位

乔家大院在现代城市景观风貌的塑造中发挥着重要的作用。在一个小的区域范围内，乔家大院不仅是由砖石垒成的清代山西民居建筑，还是由若干个景观要素所构成的，其中一个个景观要素又由乔家大院为载体串联起来，再加上院外乔家历史人物的雕塑与景观绿化带的包围，形成了丰富的旅游文化景观带。同时，可以进一步大胆设想将以乔家大院这一景观带为轴心，将周边各具特色的景观结点都充分衔接起来，设计成以乔家大院为中心组成的一个完整的景观实体区域，可以称为"乔家大院观区"。

从整个的城市景观来看，"乔家大院观区"既可以成为一个与其他城市景观节点相结合的景观点，又可以成为地域城市中一个重要交通景观节点，能够起到重要指向与标识的作用，并利用其独特的景观风貌表现出当地城市发展中的经济、文化、历史，是当地城市整体景观风貌的重要部分。

（二）乔家大院在城市景观中的作用

从对乔家大院的了解和探索中我们能看到，乔家大院具有相当重要的美学和观赏价值，对一个城市的风貌塑造具有很大的影响，同时它可以成为这座城市中的景观骨架，形成城市生态环境良好、地域景观特色明显、文化品位高雅的大型景观园区。

一是构建"以人为本"的城市景观。在对城市景观进行规划与建造过程中，需要充分考虑到大众的户外行为和活动的规律、习惯和要求，如何判断出一座城市中景观规划设计的成败与否、水平高低以及对大众吸引的程度，就是要看它是否能够符合、把握住人们对户外活动环境的需求。随着近几年城市景观的改造与发展，一些城市沿古建筑周围形成了一圈生态良好、环境优美的城墙绿化带，为当地人提供了一个休闲的好区域。

二是促进城市历史文脉的传承。中国城市景观布局与古建筑坐落长期稳定，古建筑文化也长期规范着城市的生活方式，古建筑景观同样也属于中国灿烂文化的重要部分，包括流传于民间的童谣、名人的书籍字画等，都带有古建筑的深刻印记，不同地域风格的古老建筑是中国各个古城鲜明的文化印章。

三是彰显城市的个性特色。在现代化城市高速发展的当代，城市更需要的是一种慢节奏，一种淡然和从容不迫。这不仅是对当地城市文脉的延续，更能为子孙后代留下一座充满着浓郁文化气息和独特魅力的城市。乔家大院作为一种难以被转移与复制的资源，以其独特的建筑风格和深厚的文化底蕴，犹如再现了当年晋商繁荣的景观风貌，充分反映出山西的民间住宅中所特有的历史文化特色、地域面貌风采和景观的内涵特征。

第四节 乔家大院装饰艺术的功能价值

一、功能

在建筑实体上，建筑装饰的附加美被体现得淋漓尽致。明清时期，在生产和经济的共同作用下，文化和艺术的发展也非常迅速，把我国的传统建筑水平推向了一个新的高度。这在建筑的装饰上体现得最为明显，装饰物的形式更多，技术更精湛，并且大范围地出现在我国的传统建筑物中，使得我国的传统建筑具有更加明显的特色，内容也越来越丰富。乔家大院作为我国传统民居的代表性建筑物，其建筑装饰非常简洁，但是取得的艺术效果却非常明显，在古朴之中透出宅院主人高雅的品位，具有非常高的观赏价值和研究价值。同时，因受到中国传统伦理文化的影响，乔家大院的建筑装饰不只具有纯粹的装饰意义，还被赋予了特定的功能需求。

首先是实用功能。乔家大院建筑装饰主要是指对建筑构件的艺术加工，是把材料与艺术有机结合起来的产物。建筑物的主要部分，包括房梁、柱子、门、屋檐，还有院落中的大棚栏杆及室内的地板和窗户等。修饰物产生的主要原因是满足建筑物的实用性，然后才是美学价值。

其次是装饰功能。它是民居建筑关于视觉效果的基本要求，反映了主人的精神诉求，是达到人们要求的实用功能后，所追求的更高层次的精神审美功能的具体体现。雕饰既是建筑艺术的表现手段，也是建筑作品借助文化符号而升华为建筑哲学的妙用。它的运用为单调平直的建筑立面带来了曲直不定的变化，为滞重沉闷的高墙带来了丰富多彩的景色，更为冰冷无言的空间环境带来了有声有色的传说和故事。在这些民居建筑中，各种各样的雕刻艺术都被巧妙地融合在一起，所以能够设计出非常具有美学价值的作品，设计出来的作品各部分的比例也是非常科学和完美的。建筑的装饰不仅具有美学作用，更多的是满足观赏和居住的人的精神追求和坚定的信仰，避免建筑物的单调性，成就了一个内涵极其丰富的艺术品。

再次是安全保护功能，其一，乔家大院的装饰艺术是对其原有的建筑结构进行有目的的加固；其二，通过设计手段有效减小人们对装饰的干扰或损坏；其三，房梁、柱子和栏杆能够预先防止因环境或景观给人们带来的某种危险。从装饰艺术安全保护功能的实施上来讲，可采取的方式主要包括阻拦、半阻拦、动阻等形式。

最后是伦理教化功能。古代的伦理教育，不仅是对人们的思维方式和价值观念的影响，对社会的发展和各种文化的形成也具有限制作用，逐渐地渗透到人们生活的各个方面，如人们的行为、信仰、情感等。

乔家大院建筑装饰是由古代建筑师创造出来的，在具有使用价值的同时，也会受到伦理的约束，特别是在封建社会，倡导伦理教育和追求，在建筑物中也要对这种精神进行宣传和展现。在我国传统建筑中，常用的装饰纹饰有人物、动物以及各种植物，多是根据历史取材，把我国历史上的典故和许多生活中常见的或者特殊的时刻展现在装饰物中，以此来宣扬"仁、义、礼、智、信"，处在这样的环境之中，使人们产生尊老爱幼之情，对修身齐家之道耳濡目染。这些在生活中常见的装饰，在潜移默化中对人们进行道德教育，尤其是对孩童的教化，从而使建筑的精神功能得以强化。

乔家大院的空间布局，轴线具有对称性，排列有序，遵从了"长幼有序""男女有别"的封建伦理道德。而其建筑装饰，给整个单调的建筑物增添了美感，深思熟虑后选择的图案内容，又使人们在感官上获得了愉悦，并在潜移默化中影响着人们的精神追求，达到寓教于乐的目的。

二、价值

（一）福寿追求

装饰艺术在实现美观效果的同时，也体现着主人的价值观。乔家大院处处充满吉祥喜庆的气氛，显而易见是在表现大院主人积极的人生观。宅院的总体布局，尽显民间吉庆祥和的气氛，表达了人们对美好生活的憧憬向往和不息的生命追求。大院主人将吉祥文字、吉祥动物、吉祥花卉，雕绘在庭院、门楼、屋宇之间，营造喜庆的气氛，对调整人的心态、陶冶人的情操，都有益处。福禄寿喜等吉祥文字，可以变化成多种式样，用于器具，用于建筑，用于布局，美观适用，简单易行。如"寿"字，古来有称为"百寿图者"，将寿字写成百种不同字体，实则百种以外，还有更多花纹演绎成的寿字。"喜"字常用双喜，两字相并，喜上加喜。"福"字的巧妙变化多用于窗格、屋脊、门楣、护栏、楼板，福气多多，既是愿望也是祈福。

从高空俯视，乔家六院的布局呈现一个完整端正的双"喜"字结构，主人欢悦祥和与双喜临门的美好愿望尽收其中。同时双"喜"字结构，有建筑美学的讲究，如紧凑、对称的特征在此一应俱全。房顶上用砖头砌成"士"字形或"吉"字形的短墙，表达了房主人追求清新脱俗、静澄简淡和人生如意的美好愿望。

（二）儒家文化

大院追求儒家乐性文化，首先体现在大院是由表现儒家伦理的建筑实体构成的，而大院实体围成的中空院子是一个家族情感交流汇合的场所。"乐"在大院表现为恬静的、和谐的家族群体交流体验。大院是由四方围"合"与乐"和"的有机统一，在这样一个有机呈现的人生境界中，生动地展示着家族内部相互依存的关系。大院既符合社会的伦理秩序，又需要满足人内心的情感需求，在家族内部真诚的交流中，产生一种恬静的、和谐的情感体验。

其次，大院的建筑布局、建筑形态规模既是儒家礼制文化的表现，同时也是大院家族情感的抒发。大院的主人是全国知名的晋商，他们祖祖辈辈历经千辛万苦，凝结几代晋商的智慧、才能，才成就了当时的辉煌。

（三）晋商精神

乔家大院是"情感的形式"，代表了晋商精神的情感。

1. 经商方面

第一，诚实守信，以义制利。

乔家德育文化中，最核心的内容就是诚实守信，以义制利，同时也是乔家商训的重要组成部分。乔贵发亲手开创了乔家商业，乔家每一辈都重视诚信，代代相传，乔桂则是手握接力棒的第一棒。乔贵发和家里的一个姓秦的老乡结为兄弟、义结金兰，共同许下了"维护信誉，不尚虚假"的诺言，二人发誓，在今后经商做生意的时候，无论如何也绝不弄虚作假，绝不缺斤少两，哪怕自己的利润低一些，也不会让客人有丝毫的损失。乔致庸接过乔贵发手中的接力棒，建立了一套独有的经商管理办法，其他的经营模式都有了变化，可唯独诚信不变，乔致庸还告诫自己的晚辈："信第一，义次之，利第三。"

乔致庸当家期间，发现自家经营的油有掺假的情况，后来经过调查是自家油坊里的伙计在从中"搞鬼"，乔致庸当机立断，立刻派人将已经售出的麻油全部收回，并且为顾客一一退钱、赔偿；还有一次，乔致庸在武夷山贩卖茶叶，为了让顾客买到物美价廉的茶叶，便在茶砖中加重一两出售。乔家"糊涂海"的称号响彻整个包头，原因是在外人看来乔家的经营方式显得很糊涂、常人无法理解，有些时候欠乔家钱的人还不上钱，乔家还允许欠钱的人用家里的物品来抵债，乔家在包头街边的一千余间店铺、二百八十多亩菜地，都是他人用来抵押和还债的，若不这样经营，怎么会有这么多的财产？这样看来，乔家应该叫"聪明海"才是。

在包头，乔家的面粉生意兴隆，日进斗金，其他商家有些眼红和嫉妒，就悄悄在面粉中缺斤少两、欺诈顾客，不少顾客都发现有些店铺给不足，很无奈也很愤怒。乔家知道这件事后平静如水，在顾客买面粉的时候，每买一斤，就悄悄地多给一两面粉。没过多久，当地的百姓毫不犹豫地去乔家的店铺购买面粉，如果说那些掺假的商家是"聪明"，那乔家算的上是"智慧"了。此外，晋商还喜欢在家里和商号中供奉关公，他们认为关公是最讲"信义"的神灵。

关羽的祖籍是山西解州（今山西运城）。关羽集英勇善战、忠孝节义、明礼诚信等诸多美德于一身，特别是其大丈夫的英雄气概最为世人感动，成为我国几千年来学习的楷模，"财贿不足以动其心，爵禄不足以移其志"，可以看出其坚贞的品格，是一位不可多得的忠诚良将。上至文武百官，下至平民百姓，从皇亲国戚到帝王贵胄，都把美好的品性赋予了关公。晋商不仅在自家供奉关公，在其店铺中也有供奉，在外经商的晋商还在外为关公建殿修庙，因此晋商的守护之神也只有关羽配得上。

第二，艰苦奋斗，勇于创新。

山西人吃苦耐劳、艰苦奋斗的品质与山西所处的区域位置有很大关系，同样，艰苦奋斗还是中华民族的传统美德，也造就了晋商的成功。因为山西地处黄土高原、干旱少水、气候恶劣，在这样的自然环境中生存十分艰难，因此晋商到外地做生意，有时也是出于一种无奈和被迫。乔贵发是乔家商业的创始人，早年乔贵发只身一人去内蒙古出卖劳动力，帮别人拉骆驼，一段时间后有了一点积蓄，与同乡的一个人一起开了一家店卖草料，在他们的苦心经营和前后打理下，店铺的生意有了些起色，开始渐入佳境，可后来生意又一度亏损，接近停业。乔贵发无奈返回老家继续种地，只留同乡在外地继续照顾生意。之后靠买卖黄豆又赚了一笔钱，同乡再次把乔贵发从老家叫了回去，重新开店并扩大了店铺的经营范围，增加了绸缎、布匹、副食杂货等；又发展了一段时间后，他们二人常常亲自翻山越岭，不远万里去经营生意，有时贩卖粮盘、钱盘，偶尔还贩运马匹等，在江南采购茶叶，千辛万苦运到西北地区进行贩卖。山西商人这般艰苦奋斗的精神，还得到了康熙皇帝的夸奖和赞赏，《康熙南巡秘记》中是这样肯定山西商人的："晋俗勤劳朴素。勤劳易于进取，朴素易于保守，故晋之人长于商，车辙马迹遍天下，齐鲁秦晋燕赵诸大市，执商市牛耳者咸晋人。故晋人之富，甲于天下。"

此外，乔家商号为了鼓励员工积极工作，创立了"人力顶身股"制度，以工龄和业绩为条件，以人力顶股，同样有分红，使员工与商家的利益捆绑起来。这样一来，工作的人不仅仅是在为东家工作，同时也是为自己工作，自己也是一个小东家，整个商号里的气氛都被调动起来了，人人都尽心尽力地工作，对东家而言，生意也比以前更好。这一制度在当时一举打破了雇主与伙计之间的传统关系，充分体现了乔家的敢为人先和与众不同。乔家的商业模式中，一个字号通常是由一个大掌柜说了算，并操持这一字号中的各项事务，可身顶一股，在一个账期结束时，同样可以参与分红。一般一个员工在乔家工作满十年，就具备了顶身股的资格，但也不绝对，如果东家认为某个人没有培养前途，或者在工作当中不够积极，那即使工作了十四五年，仍然不具备顶身股的资格。顶了股之后，并不是一成不变的，仍然有上升空间，这就与个人能力和工作态度挂钩了，工作年限相同，或同时顶了人力股的员工，再经过一段时间的工作后，仍会有一定的差别。

第三，知人善任，礼贤下士。

在乔家几代经营的商业体系下，有几位掌柜的名声显著，战功赫赫，其中有复盛公的大掌柜马公甫、大德恒票号总经理阎维藩、复盛西粮店掌柜马荀、大德通票号总经理高钮等。这几位掌柜无一例外，都不是靠"论资排辈""熬年限"才当上大掌柜的，而是他们年纪轻轻就表现出了过人的才智，并被乔致庸发现，随后开始重用他们。乔家商业的发展速度之快、发展规模之大，与乔致庸的知人善任有很大关系，"千军易得，一将难求"说的就是这个道理；乔致庸十分善于打破常规、喜欢在常规中找变化，这就使得乔家的商业得到了超常的发展。乔致庸八抬大轿礼聘阎维藩、不拘一格选任文盲"马狗掌柜"的事情在当地传为佳话。阎维藩起初是平遥蔚长厚票号福州分号的总经理，与当时福州的将军恩寿有着不错的私交，恩寿升迁时，由于急需大量钱财，阎维藩没有征得票号的允许，私自挪用了商号里的银子借给恩寿。这件事传到东家侯荫昌耳朵里，东家对阎维藩这样的做法十分不满，阎维藩便主动辞去工作离开了。乔致庸得知此事后，立刻意识到阎维藩是个难得的商业人才，并且十分讲义气，随即叫自己的儿子抬着八抬大轿，两班人马，在阎维藩回家的路口连等了数日，终于将阎维藩请到。对此，阎维藩十分感动，表示愿意为乔家效犬马之劳，后来的二十六年里，大德恒票号在阎维藩经营管理下，生意兴隆。马荀是个文化程度不高的人，担任乔家复盛西商号旗下的粮店掌柜，由于经营有方，粮店连年盈利。一次马荀回祁县时，要求见东家乔致庸，按例马荀这个级别的掌柜是没有机会见到乔致庸的，但他这种打破常规的做法，反倒使乔致庸产生了兴趣。于是乔致庸与马荀见面，当面听取了他的汇报，乔致庸发现马荀业绩突出，虽然文化水平并不高，但仍让其担任了复盛西号的经理。

乔致庸不仅知人善任，不拘一格用人才，本着"疑人不用，用人不疑"的原则，平日对商号里的事务也很少过问、干预，商号的内部事务完全让商号的大掌柜去处理，除非遇到重大事情需要他定夺决策时，他才参与商铺的事务，甚至在账到期时，他都很少去查看，这种对掌柜经理的绝对信任，也是乔家经商的独到之处。乔家既注重广泛收集人才，也注重在精神、道德、业务技术方面去培养人才，乔家的票号招收学徒时，要经过层层严格的面试、笔试、口试，包括人的长相是否端庄、口才如何、文化知识等全部都要符合乔家的标准，有一项不符合都不会招收聘用。新学徒入号后，首先要经过三年的磨练，在此期间，个人的修养、品德是最为东家看重的，"忠诚""信义"的教诲更是口不离心，心不离口。高钮是大德通票号的总经理，他出身贫寒，十五岁时因家业衰败被迫开始从商，进入大德通票号当学徒，由学徒到伙计，经过十年的磨练才顶上身股三厘。高钮才干出众，善于处理突发问题，没过多久就被东家提升为分号经理，四十岁时便开始担任大德通票号的总经理，这一任就是二十六年。我们不难发现，乔家的用人的确不拘一格，有其独到的见解，值得后人去研究和学习，为我们起了一定的表率作用。

2. 为人处世

中庸，是中国人的一个标签，同时是儒家文化的精髓，有着中立、公正、恰到好处、刚刚好的意思，体现了人们在寻找平衡的状态，追求一种和谐的美。国学大师林语堂曾把"中庸生活"看作"生活的最高典型"，大加赞赏，他说："这种学说，就是指一种介于两个极端之间的那种有条不紊的生活——酌乎其中学说"，❶ 简单来说，就是在身和心之间、物质和精神之间找到一个平衡的点，达到了和谐相生的状态和境界。

乔氏家族是一个商业世家，整个家族都受到儒家思想和文化的影响，从乔家大院的各处都能看出乔家所具有的儒雅之风来。乔致庸是自乔贵发开始的乔家第三代传人，他把自己的宅院称为"在中堂"，巧妙地将"中庸"思想融入其中，其哲学含义虽然深刻，但这样一表达反倒是不言自明了。横额上刻有"履和"，古有"履仁"，这正是古人所认为的最高的道德境界。雕刻在居室、门楹上的竹子，寓意着主人有着高风亮节的君子德行，古人常说："食可以无肉，居不可无竹"，可想而知竹子在当时社会有着多么崇高的地位。乔家大院

---

❶ 林语堂. 中国人的生活智慧［M］. 西安：陕西师范大学出版社，2007.

中还有很多与之相近，如"治多福""居之安""慎俭德"等匾额，都可以把主人的期盼和愿望向世人展示出来。乐善好施，宽厚待人，子曰："不义而富且贵，于我如浮云。"乔贵发在世时就告诫乔家的后代千万不能看不起穷人，不能因为其贫穷就不尊重他们，因为乔贵发就是从一个穷人，经过创业，最终成就了乔家的商业，自己曾经的辛酸生活历历在目，被别人看不起的感觉很不好受。乔家的后代时刻铭记着乔贵发以及其他长者的教诲，为此乔家特意立了家训来提醒自己，警示后人："勿倚权势而辱良善，勿富豪而欺穷困，见贫苦亲邻须多温恤。"乔家的后人十分孝顺长辈，代代谨记祖训，因此"怜贫惜弱"也是乔家的家风。

光绪三年祁县遭受天灾，大旱无雨，方圆百里寸草不生，粮食颗粒无收。这一旱情长达二十年。乔致庸亲眼目睹了这场灾情，想起了自己的祖父乔贵发所说的："咱乔家本是穷人，我从小因穷受人歧视。你们生在富门，身在福中，切不可富而忘本，为富不仁，歧视穷人。"乔致庸冷静地分析了一下时局，认为灾情一时半会儿不会得到好转，旱情如此严重，如果春天没有播种，那么秋天必定又是颗粒无收，如此循环下去，灾情会更严重。要为此次灾难做长足的准备，首先就要有充足的粮食。乔致庸想到近些年来，自己的开销越来越多，奢华之风开始显露端倪，这样的景象和周围的贫困人家吃不上饭有着鲜明的反差。乔致庸随即借此机会，整顿家风，倡导勤俭节约，把省下来的钱去救济灾民，真是一举两得的好办法；随后，乔致庸开始在周围救济灾民，具体措施有："乔家堡村的人，按人口数量来分发相应的粮食；在村里的大街上置一口大锅用来舍粥，主要是给其他地方的灾民；家中男女老少生活全部从简，一年内不准做新衣服，饮食不可有山珍海味。"灾民们对乔致庸感激涕零，赞不绝口，乔致庸开仓济贫的善举还被写进了《祁县志》，并予以记述褒奖。

乔家救弱济贫，具有极强的社会责任感，为社会营造了一个和谐美好的氛围。乔家不仅爱戴贫民百姓，在国难当头时，体现出了崇高的爱国情怀。左宗棠在担任陕甘总督期间，曾通过票商筹借了大量银两，以解西征军的燃眉之急。为感谢各个票商，他在回京述职时途经山西，特地到乔家拜访了乔致庸，并且为乔家题词，就是现在乔家大院门口百寿图上所题写的："损人欲以存天理，蓄道德而能文章。"这里的"损人欲""存天理""蓄道德"正是赞颂票号商人能在国难当头之时，以义制利，识大体，以国事为重，与左宗棠一起，共同书写出具有爱国情操的道德大文章。

3. 治家方面

勤俭持家自古就是中华民族的传统美德，一个家族能兴旺发达有许多原因，勤俭持家是其中必不可少的一个。乔家依靠其严格的家规，"不准吸毒、不准纳妾、不准虐仆、不准赌博、不准冶游、不准酗酒"，创造出了一个商业大家族，使乔氏家族兴旺数个世纪。乔家的后代也只是在乔致庸去世之后，才开始沾染恶习，如乔映南，但由于那个时候乔家已经分家，乔映南只是把他自己的财产挥霍一空，对乔家的整体影响并不大。纳妾，乔家也只有一个例外：乔映元因妻子患病残疾，才娶了一个偏房，也算特殊情况、事出有因，但即便如此，他也遭受非议，因此在族人中低人一头。对待仆人乔家也很精明，不满意绝不雇用，用则给予优厚的报酬，所以乔家的仆人对乔家忠心耿耿，终身感念乔家。乔家严禁赌博，从没有人有这种恶习。一家人在一块儿打麻将，只是消遣时光，不过手钱财。"六个不准"犹如铁桶江山，牢不可破。

据曹恩荣整理所记的《乔"在中堂"塾师生活漫忆》❶ 所述：乾隆年间的一天，乔贵发的一个侄子举办婚礼，乔贵发一大早就跑到厨房帮忙，跑前跑后，当时他连大褂也买不起，只好光着上身不知疲倦地拉风匣，只是想着自己能多尽一份力。按照当地的风俗，新人会给长辈们行礼叩拜，但始终找不到乔贵发，旁边就有人问道："乔贵发人到了没有？"周围有人窃窃私语道："这些人，来不来都一样。"乔贵发听后很是生气，也觉得没有脸、没有必要待下去了，转身就走了。事情一出，乔贵发就跑去包头当苦力，也算是开始经商、开始创业。乔贵发和大多数创业者一样，早年都吃了很多苦，受了很多罪，取得成功之后，从来不会看不起穷人，原因可能就在于此。外人无论男女老少，客人不分高低贵贱，只要来到乔家全部以礼相待，特别是对乔家的教书先生更是十分敬重。

乔家的私塾在西北院，书房的门上刻着："一帘花影云拖地，半夜书声月在天。"乔家的书房就是乔家的学校，乔家聘请先生到家里来教自己的小孩，男女都在一个屋子里学习，有二十余人，乔家的孩子们学完后，大都考进了国立清华和私立南开，其中乔仕和乔伦更是他们当中的杰出代表。

乔家的私塾总是高薪聘请名师任教，全部家人对教书先生都十分尊敬。乔家还给每位先生配有书童伺候起居，伙食与主人没有差别，举办宴席时正席的位子一定会留给先生。同时，先生们的待遇、薪水都很高，比公立学校的先生高出很多，在逢年过节时还能收到额外的奖励。

种种迹象都可以看出乔家对教育的重视。这些饱学之士有如此丰厚的待遇以

---

❶ 梁柱三，曹恩荣. 乔"在中堂"塾师生活漫忆［J］. 山西文史资料，1994（5）：129－137.

及极高的地位，自然会教好乔家的孩子们，使乔家后代的文化修养得到了很大提升。乔家对弱势族人的教育也给予帮助，据乔家堡的老一辈讲，从乔致庸开始，有一笔钱专门用来资助经济拮据的族人子弟上学。民国时期，乔家亲戚们的孩子要去外地求学，乔家也会拿出一部分钱来帮助他们。这笔钱主要来自乔贵发和姓秦的同乡命名的一个家族公益性堂名——既翁堂。既者，已往也；翁者，老人也；既翁堂者，乔秦两姓的老人也。也就是说，这是给乔秦两姓的发迹始祖立的堂名。

第六章　乔家大院的保护与发展

第一节　乔家大院面临的危机

一、山西现阶段园林景观设计在人性关怀方面出现的问题

现如今，山西的园林景观设计水平有很大的提高，但还是有一些地方缺乏人性化设计，连接与编排可以更好地实现构建乔家大院景观与本地区域的融合。以下是在园林景观设计中常见的几个问题。

1. 过街天桥步道

在现代城市道路交通中，为缓解城市交通拥挤的问题，出现了过街天桥的设计。但我们时常可以见到天桥的步行道台阶设计得较为低矮，走起来很难受，给行人带来了极大的不便。乔家大院已经成为知名的旅游胜地，游客每年慕名而来，数量众多，导致景观门口非常拥堵，两边的景区中间便是车水马龙的公路。笔者去参观时，经当地人介绍乔家大院对面也是个旅游景点，如果能修建过街天桥，可以使穿越道路的行人和道路上的车辆实现完全的分离，在旅游季节的高峰期保证交通的通畅和行人的安全。

2. 适度开放公共草坪

在景观设计中草坪是一个很常见的也非常必要的景观设计元素，既美化了环境又能很好地为游人们提供一片天然休息、活动场所。首先，对于刚刚学步的幼儿，绿油油的草坪是一个很好的选择。从视觉美感的角度讲绿色给人带来了轻松活跃的感觉，置身其中让孩童们充满乐趣；从安全性来讲，松软的草坪和泥土，小孩可以在上面学步、奔跑或爬行，都不会出现严重的安全隐患，有时还可以看到几只小昆虫，对于小孩子来说更是乐趣无穷。对于中老年人，在闲暇时，大家也都喜欢坐在草地上聊天或是聚餐。所以，景观设计中的草坪是很受大众欢迎的景观元素。在气候条件较好的南方地区，可以考虑将部分草坪区开放供游人使用。当草坪出现受损现象时，可以通过限制进入的游人数量，并同时开放另一块草坪作为补充，形成一个休养循环的机制来为游客服务。这样既保留草坪景观，也满足了游人的需要。

3. 道路设计

道路是景观设计系统中的命脉，不同类型的景观设计需要建立与之相应的不同类型的道路系统，例如，在供游人观赏景色和休闲娱乐为主的景观公园中需要将道路设计为迂回曲折的形式；在马路街道旁的园林景观，其道路则需要设计成便利直通的形式。另外，在某些大型旅游景区中有些路段或交叉路口缺少必需的指示标识，或有些指示标识设计得不够准确，不能给游人提供便捷高效的观赏体验。因此，在乔家大院优美的景观环境中能为游人提供并选择一条合理的游览路线是非常必要的，游人可以沿着设计师所提供的最佳游览路径进行观赏，不仅避免错过景观中最具特色的景点，而且也使得游人可以按照设计师的意图进行观赏，这是设计师与游客的间接性交流。所以，在大型景观设计中提供游览道路指示，一方面体现出了对游人的关心，另一方面可以有效地对游人进行合理安排。

4. 城市景观与人之间的尺度关系混乱

随着城市日新月异的发展，城市里到处高楼耸立，人们每日置身其中深深地感到了自己的渺小与无足轻重，久而久之会在内心产生精神上的压抑感，有时甚至会导致自卑感和孤独感，易造成心理疾病的增多。目前，三四线城市以及一些南方的乡镇、农村人的生活状态和心理状态，要优于生活在一、二线大城市的人，抛开工作与生活上的巨大压力外，也与所在的景观环境有着密切的联系。大多数的小城市或乡村中没有太多的高楼大厦包围，因而，保留了许多自然景观环境，使人的心理状态更加放松，人与人之间情感上的交流也更加朴实、热情。与此相反，在大都市生活的人们，整日面对越来越高的楼房，越来越拥挤的道路，活动空间也变得越来越小。这就迫切需要景观设计师们有效减少城市景观中对人造成的巨大精神压力，一方面要合理地调整景观环境与人之间的尺度关系，另一方面要营造出城市中的绿岛系统，建造出与喧闹的城市相对隔绝的独立景观空间区域。绿岛的边界可以以高大茂密的树木、灌木包围起来，适当地减少噪声，减少周围建筑物所产生的心理压力；绿岛内应不断扩大绿色的覆盖面并配有水景，绿色植物不仅为城市中的人们提供新鲜的空气，有益身体健康，更能有效地舒缓人们紧张的神经。城市绿岛的建设应该尽可能模仿自然，减少人工的痕迹，为人们打造一片有益于身心健康的城市自然生态养生福地。祁县政府可以在城市绿化建设上尽量打造一片自然生态绿地，与乔家大院的保护与发展有机融合。

二、山西园林景观在文化传承方面出现的问题

数年来，文化的传承与发展一定程度上保证了文化的稳定性与延续性，每个人从一出生就置身于所在的国家、民族以及地域的文化氛围中，并世代相传这种文化，这样便保证了文化传统的延续。当然，文化传承的方式和手段又是多种多样的，有的通过口口相传，有的通过文字的记录，有的通过遗物的保留等。而景观建筑的传承自然也在其中，景观中的文化传承与现代设计的创新从表面上看似乎是对立的，但是两者之间的文化脉络是相互关联的。地域文化与地域景观便是两者之间的纽带，历史街道、古建筑、历史故事、民间传说等都可以成为景观设计中文化传承与创新设计的桥梁。归纳一下，影响景观设计文化传承与创新的因素有以下几方面。

1. 照搬西方园林景观的设计元素

前面我们提到过，对景观的设计应具有地方性的特征，不能过于吸收和借鉴国外的东西，避免趋同化。每一个地域有着不同的气候环境、地形特征、文化景观以及生态系统。因而，各地景观都应当因地制宜展现出地方的个性特色，但我们又切不能为传统文化的传承而生搬硬套。因此，作为景观设计师和建设者，除了具备深厚、扎实的专业知识外，在知识的广度上更应该重视和挖掘历史人文知识、本土文化和西方文化，全面把握人们的精神需求，以创新的人文理念塑造出体现本土文化的人文生活环境，让人们真正回归"心灵家园"。

2. 过分看重景观设计的外在形式，忽略其内在的时代性

景观设计艺术具有与之相应的时代性，每个时代都有它特有的景观艺术形式，对任何年代、任何形式的照搬都是牵强的。中国古代景观设计手法和思路在现代景观设计中有新的应用，就是借用其设计理念，而不是外在形式。

3. 忽略本地域的历史文脉

一个地方的城市景观设计既能体现当地经济发展状况和人民生活水平质量的高低，又是对当地历史文化内涵、价值的传承与发展。因此，当地的景观设计与所在城市的历史发展是有着密不可分的联系，景观设计师需要深入挖掘和探寻本地域的历史文脉，将现代景观环境要素与当地城市原有的历史街景相互呼应，营造出兼具景观、生态及文化意义的新空间。

4. 不尊重当地景观生态环境

俗话说，一方水土，养一方人。人的成长永远离不开他所处的环境，什么样的生态环境就有什么样的地方景观和人文景观，生态环境是景观设计中必不可少的一部分，对当地的生态环境的保护（包括自然生态环境和人文生态环境）就是对当地景观环境、对文化生存土壤的重点保护。

5. 对地方景观文化元素运用不当

地方的景观设计元素包括多种文化内容，如地域的风土人情、民间艺术、建筑风格和样式等。提取出的地方景观设计元素不仅仅是直接运用和表现到景观当中去，随着旧文化和新文化、本土文化和外来文化的相互碰撞，所形成的文化重构手法也可以加以运用。通过适当的艺术手法进行加工或与其他艺术形式相结合之后再展现出来，通过艺术家的提炼、融合、创想的设计之后，达到更好的艺术化效果。例如，在西安大雁塔民俗园的设计中，将西府皮影的元素转化为公共小品融入园景中，不但巧妙地丰富了民俗园的景观设计，还使得西府皮影这一民间艺术深入人心。

6. 不够了解潜在的体验者

景观设计的本质在于为大众服务，强调服务性质要放到第一位，切实、充分地了解当地人的生活习惯、喜恶、禁忌和需求，有利于做好、完善好、发挥好设计中服务的功能。

7. 西方园林理论的错误引导

西方国家有些较为过时的景观设计理念，依然被国内一些设计者所采纳。甚至一些认识水平不高和鉴别能力低下的设计者，错误地将一些西方景观设计形式作为现代景观设计的衡量标准。

8. 不善于利用现代科技手段

在景观设计中对文化传承的表现，应该是广开思路、丰富多样的。在现代景观设计中要学会利用先进的科技手段，以一种更加新颖、特别的方式来承接传统的地域文化，实现艺术与科技的完美融合，让体验者在观赏我们璀璨的传统文化的同时，更能体验现代科技所带来的巨大魅力。

第二节　对民俗文化保护的思考

在乔家大院的历史发展中承载着当地丰富的民俗文化，起到沟通民众物质生活和精神生活，反映民间社区和集体的人群意愿的作用，民俗文化中包含当地居民的穿着服饰、饮食起居、风俗礼仪等，是一种代代相传、生生不息的文化现象，也是当地居民社会实践活动长期创造和积累的智慧结晶。1968年中共祁县县委、祁县人民政府决定在这座清代北方民居里筹建民俗博物馆，大多数的房屋用于展出乔家历史和文物、晋商的发展史以及晋中民俗文化。展品很多是征集来的，不一定是乔家原物。

乔家大院的院内现有陈列室44个，里面包含民俗器物2000余件。当走进这些陈列室时，参观者会看到有一条甬道把6个大院和19个小院分在两面，游人可以从南到北、从东向西依次参观浏览。如东南方位的第一院是乔在中堂史料馆，里面主要展出的是乔在中堂的家庭兴衰史，乔贵发是乔在中堂的经商活动的起源和创业第一人，展览中的文字与图片重点介绍了他如何从一无所有到艰苦创业，终使乔家成为当时的巨商大贾。第一院的主题还有家族系谱、号章号规等。

第二院主要展示一些文物珍品，这个院称为谦益堂，是主人乔映辉的堂名。此院展览了在中堂留存的一些明清家具，一些名贵的古董。如导游必介绍的九孔屏风、九龙灯，列入国家级文物的犀牛望月镜等。此外，二院还存放有古镜、美人画、皮影、推锦、瓷器和木雕（图6-1）。

图6-1　山西推锦展示

山西皮影在二院展示得很多。山西皮影是我国民间艺术，在制作方面，取料以牛皮为主，由于牛皮的韧性、透明性极强，着色颜料甚为讲究，因而艺术效果颇佳。山西皮影明清时期由陕西传入，同时也带来了皮影雕刻技艺（图6-2）。清朝末年和民国初年，皮影十分兴盛，几近村村有皮影、人人看皮影的程度。"一口叙说千古戏，双手对舞百万兵。"山西的皮影，以其精湛的演技满足了一代又一代城乡人对娱乐的渴望和精神享受，并于2006年被列入山西省首批非物质文化遗产项目。除了皮影还有各种剪纸，山西的剪纸也在二院展出，其中当属犀牛望月镜剪纸，栩栩如生，乔家大院字体剪纸，形式丰富。另外，山西民间刺绣也出现在民俗博物馆中，它题材广泛，内容丰富，具有反映山西风土人情的特色。山西民间刺绣，有着自己独特的艺术风格，图案纯朴、色彩艳丽、构图简洁、造型夸张、针法多样、绣工精致。这些来自民间的刺绣艺术品，大都出自农村劳动妇女之手。山西刺绣以忻州、晋南地区的刺绣工艺品最有影响。

图6-2　山西皮影展示

三院第五展览室主要以经商习俗为主。明清以来，山西祁县的商人经过一代代人的努力，以"诚守信义，货真无欺"的经商之道，赢得了美誉。在院中第一展室映入眼帘的便是微缩景观——祁县的县城一条街（图6-3）。商业街分布着大大小小的各种店铺票号，还有反映民生百态的摊点、行人，构成了当时祁县商业最繁华的一景，让游人有了直观的印象。除此之外，展室还展示了明清时期的票证、账簿、度量用的一些实物模型。三院的第六展览室里摆放着当时商铺的一景，如有蜡像两尊，看穿衣举止是一位掌柜正向财东汇报经营情况，周围配有典雅的明清家具和一些生活用具，整体布展栩栩如生，为我们描绘出一幅生动的晋商日常小品（图6-4）。

图 6-3 "祁县县城一条街"模型

图 6-4 "雄踞商界"模型

第四院的命运较为多舛。在之前乔家人准备筹建与西北第五院和第六院相近的三进式偏套院,但是1937年发生了卢沟桥事变,在第二年的9月日军开始来到山西,乔家六十余人不愿被日本人骚扰纷纷离去,使得乔家的建筑布局没有规划实施,第四院也成残局。所以,民俗博物馆把四院后期修改为一座花园,建有亭子,亭下有水,水中游鱼,生机盎然,还在四院修建了一排平房作为展厅,里面布置了当时热门电影《大红灯笼高高挂》的大型剧照和当时所用的拍摄道具,基本还原了电影的部分场景,使游客慕名而来。

第五院以晋中地区的民风民俗展示为主。楼房室内布置有人生最重要的礼仪场景：满月和生日展览，陈列着孩子用的百家衣、老虎帽子、虎头鞋、麒麟帽、鱼披风和一些带有传统山西民间刺绣的被子和枕头等；还有孩童佩戴的饰品等，如新生儿满百日或周岁举行的仪式中最为流行的长命锁，它是明清时挂在儿童脖子上的一种装饰物，还有保护孩子平安吉祥的金手镯、银手镯，还有陈列展示的庆祝孩子生日场景，传统的诞生礼仪"抓周"和"开锁"场面，展示了当时山西的人生之初的礼仪。还有男婚女嫁礼仪的重要展览，按"问名、纳彩、文定、纳征、请期、迎亲"等婚礼步骤顺序为游人展示（图6-5）。大院布置有迎宾室，还有拜花堂，洞房的还原，里面红灯高挂，婚庆的所用实物摆放有序（图6-6）。

图6-5 乔家外院婚庆展示

图6-6 乔家室内婚庆展示

除此之外还有老人过寿时的展品陈列，第五院的偏院有寿堂，游人进门后映入眼帘的万寿图，是清朝嘉庆年间的锦缎所制，朱红的颜色衬托出室内排场与讲究。最后展示的是丧葬，也是人生最后要走的一项礼仪，须庄重。它还原了当时灵堂的布置，里面挂有挽幛、纸扎，它还有各种孝服，给人一种悲凉冷清的感觉，与婚庆展览形成鲜明的对比。

　　第六院展览的是衣食住行、岁时节令和农事习俗。室内陈列的有织布机，墙上挂着各种饮食工具，山西是著名的面食之乡，在饮食房里无论是蒸、煮还是烧实物器皿都能寻到，还能找到做月饼的齐全工具；还有身份地位不同的各种服饰，有主人和仆人的汉族服装，院内还摆放手推车、石碾、轿车。在第六院的里院用布景箱的方式，依照春节、祭星节、元宵节、填仓节、青龙节、清明节、端午节、中元节、中秋节、重阳节、寒食节、冬至节、腊八节、祭灶节等一年中重要节日出现的顺序将节庆讲究一一呈现出来。偏院还展览在黄土地上世代生活的人们的农事习俗，以春季播种、夏季看管、秋天丰收和冬天存储的艺术造型方式，展现了晋中人民朴实勤劳的美德。❶

　　乔家大院民俗博物馆在1986年11月1日正式对外开放，陈展5000多件珍贵文物，集中反映了以山西晋中一带为主的民情风俗，陈列内容有农俗、人生仪礼、岁时节令、衣食住行、商俗、民间工艺，还专门设立了乔家史料、乔家珍宝、影视专题等（图6-7）。

图6-7　"岁时节令"情景展示

❶　杨建英.中国晋商文化之旅——乔家大院.北京：中国文化经济出版社，2008.

行走在乔家各个民俗博物馆，感觉展品并不是很丰富，展厅室内灯光昏暗，如果遇到阴天可能给观看细节或者拍照留存带来一些困扰。真正属于乔家的原物并不多，可能原因是乔家人搬迁，或者流出他乡海外，去向不明。所以，民俗文化的保护与传承也存在许多亟待解决的问题和困难。

民俗博物馆想取得更显著的成果，一是希望后期加大保护与宣传力度。社会发展日新月异，新媒体技术蓬勃发展，可以多借助一些新的技术进行更全面的展示，例如一些灯光装置，增加游人与展品的互动，让越来越多的人参与其中，比如现场请一些民间艺人教大家如何刺绣、剪纸、漆刻和缝制一些典型的山西传统布艺玩具，泥塑人物、动物等。在参观中可见一处室内悬挂了各种风筝，如燕型、蝴蝶型、鱼型等，但是多处展品没有任何文字说明，可以适当增加一些电子设备，让游人加深了解。

二是一些较为复杂的传统工艺，如砖雕、木雕、石雕、酿酒、酿醋等工艺，可以用视频展演的方式为游客展现山西的民间艺术（图6-8），从取材到制作的一系列流程，可以用视频解说或者实物场景的还原，或者摆放一些缩微场景皆可，这样更直观，能给人留下深刻印象，使其更为鲜活，也通俗易懂。

图6-8　砖木石雕展示

三是依靠一些传统节日举办民俗文化节、专题性的展演展示活动、专题性的民俗文化采风，扩大宣传效果和影响。首先依靠本地然后省内、国内的多家媒体，宣传乔家民俗文化，宣传非物质文化遗产代表作项目，宣传山西省优秀的民间艺术家，非物质文化遗产的传承人，普及山西省传统的民俗文化知识，扩大其影响范围。

四是乔家大院并没有很好的文化创意品牌作为支撑，应鼓励艺术院校的师生为其设计标志、VIS 手册和视觉导视指引和一些交互设计，比如虚拟当时乔家的日常生活场景，也可以借助影视宣传效果，多设置《大红灯笼高高挂》《乔家大院》的剧情场景，为参观的游人提供服装积极鼓励他们参与其中。设计手机乔家大院 APP，里面有简介功能、地图导航功能等，不仅可以使没去过的人了解这里的文化历史，也可以使来这里参观的人们不用到处询问，直接通过路线导航，了解这里的展间布局结构，合理规划时间，全面了解。

没有与时俱进只会渐渐被人遗忘。所以，可以构建产业运作体系，设计乔家大院的旅游纪念品、文化衍生品，在民俗文化保护中适当重视商品意识、市场意识，这对传承和弘扬民俗文化、传统艺术具有一定的积极作用，也便于文化的整合，推进民间传统手工艺的产业化经营，将民俗文化资源优势转化为经济优势，推动当地的经济发展。

所以，我们在加强乔家大院的文化传承与保护的同时，也要创造有利条件，在继承传统的基础上，合理利用，大胆创新。

第三节　开发与建设措施

随着时代的变迁，人们对"文化景观"的理解将长期处于发展和深化阶段。

乔家大院坐落在乔家堡村，依托乔家堡村而相对存在，二者紧密相连，不可分割。在大院群落开展的旅游活动不能脱离乔家堡村，就当下情况而言，乔家堡村属周边环境范畴。乔家大院是一座古建筑，而城市化改造过程中，乔家堡村（新建小区）高楼林立，现代气息与乔家大院的古色古香形成了鲜明的对比，在满足现代化发展的同时却忽略了与传统的统一、融合；保护古建筑绝不仅仅是保护古建筑本身，注重其内在的联系可以说更为重要。

2006 年播出的《乔家大院》电视剧，可以说让乔家大院名扬祖国各地，一时间家喻户晓。借此机会，乔家大院也开始着力发展旅游产业，同时也得到了地方政府的支持，政策和资金方面均获得了很大帮助。在过往的这些年中，相较于山西其他几个大院，乔家大院的知名度、游客量以及景区的评比等级都名列前茅。对于景区而言，旅游体验固然重要，但广告的宣传和推广也是必不可少的，是吸引游客的一个途径。成功的景点，在广告上的投入也要和景点的等级相匹配。乔家大院在近期的宣传推广上并不尽如人意，包括广告宣传位、电台广播、影视剧尤其是新媒体渠道都需要加大力度，特别是在山西以外的地区。

一、"动态遗产"的规划与保护

从文化景观遗产的保护角度看，人们已经不再只是保护那些"看得见"的、即将"消逝"的建筑和遗址等，而是转变为同时重视历史进程中具有使用功能的历史文化古街道、古村镇等"动态遗产"和"活态遗产"的保护。❶

可以看出，文化遗产的保护范畴正在向生活空间渗透并有不断扩大之势。"静态遗产"是历史产物的遗存，是历史的结晶，且无法再生。我们不能回到当时的环境中、不能穿越历史去塑造它。与之相反的是"动态遗产"和"活态遗产"，它们是与我们生活息息相关的文化遗产，必须要尊重其发展过程以及传统习俗。发展历程和传统习俗得不到延续和保护，必定加快文化遗产的消逝。在生活中我们不难发现，一些历史文化街区、村镇中大多数的传统建筑仍在被使用，如果将其从生活中抽离出来，保护效果未必会好。对于它们的保护应该是让它们融入新时代生活当中，继续让它们发光发热，这既是对传统文化的继承和延续，同时是文化遗产保护的必然选择。

同样，对于乔家大院的规划与保护也应该围绕"动态遗产"和"活态遗产"展开，作为乔家大院的"动态遗产"，大院附近的民居和民俗活动，是传统文化延续至今的缩影，对周边民居、民风民俗的保护，为后人研究民俗演变提供了史实范本。而"活态遗产"——南北六个大院、甬道，这些历史文物相似而不尽相同，由于其始建时间不同，呈现出多样化的历史面貌，承载着整个乔氏家族的兴衰，这些的史料与乔家大院的价值紧密联系在一起，是不可再生和复制的。

二、文化景观的遗传与保护

文化景观是一种看得见、摸得着的，活在我们身边的文化资源，承载了人类的文化和信息，是人类文明传承发展的璀璨结晶。

这些结晶经历了漫长的时间，大多数已经遭受了各种各样的破坏，只有少部分被保留下来，数量和种类都有局限。随着时间的推移、历史的尘封、经济的发展，文化景观遗产保存的完整度逐年下降，数量变得少之又少。因此，文化景观遗产是具有稀缺性的。

---

❶ 闫宇．"虚""实"体验中的旅游景区周边环境优化利用——以乔家大院为例［J］．山西师范大学学报，2018（3）．

如今，文化景观是文化遗产资源的重要组成部分的观念还不被普遍接受，这导致文化景观在城乡建设和经济发展中被过度干预，使其原有环境不断发生变化。在景观遗产保护方面，往往过分强调表象的、物质的，而轻视了其中的文化内涵和历史脉络。从辩证角度看两者是有联系的，存在相辅相成的紧密关系；进一步讲，今天所能见到的被保护得非常完善的文物，往往其价值和历史意义是巨大的，艺术评价往往也很高。大部分政策、技术、管理和资金都被投入对它们的保护；而民间的许多乡土建筑、传统民居、老字号等却难以得到保护，对部分民间文化遗产的态度，可以说是任其自生自灭，而旧区改造和新城建设是加速其消逝的一双隐形推手，究其原因可能是其不够典型。

千百年灿烂的传统文化，孕育了各地独特的文化景观瑰宝，但保护意识的淡薄，保护事业的历史短暂，导致并未受到应有的重视，自然无法塑造出深入人心的审美观和完善的评价系统。一些有历史代表性的城市在追求发展时，忽视了对传统城市格局的延续和保护，在文化遗产的保护区、缓冲区以及周边地段建造了大量超高超大建筑群或交通设施，导致文化景观遭到严重破坏，近年来这样的实例也越来越引起人们的关注和建设规划者的反思。

与此同时，时代是发展的、进步的，世上唯一不变的就是变本身。文化景观在时代发展的大背景下，其变化是必然的，能够将文化景观的生命力和活力展现出来，源于不断的变化。文化景观与人类活动有着密切联系，对处在这个变化世界中的文化景观进行合理规划、继承和保护是一个重要的课题。文化景观遗产不仅具有历史价值，它对人类的现实和未来更具指导意义，所以，我们更要注重在变迁中继承文化景观的生命力。

三、乔家大院的旅游发展

随着社会的发展，当下多数人倾向于挤进城市生活和工作，乡村地区的景观就成为人们旅游度假时的一种稀缺资源。结合景区处于乔家堡村的地域特点，周边环境应具备乡村农业景观的特点。相比于乔家大院的建筑群落和乔家堡村的生活习俗而言，乔家堡村的习俗、农业特点等在周边地区就显得不够有特色，如果能够与乔家大院的旅游产业相结合，仍然可以表现出很强的活力和生命力。

当前，我们提到乡村旅游，马上就可以联想到"采摘""农家乐"，这两种主要形式在我国广大乡村地区早已遍地开花，类似花卉栽培、瓜果蔬菜采摘等，地域性差异很小，更重要的一点是，乔家大院的游客可能来自全国各地，其中不乏一些见多识广、阅历丰富的游客，如果还是依靠农业观光园的方法，很难使游客感兴趣。因此，要展示当地具有特色的农习俗、农作物、农副产品以及衍生品等，再与现代农业园结合，既可以给游客带来休闲恬静的愉悦感，还可以让游客了解农业劳动过程，特别是和山西的面食相结合，让游客感受到舌尖上的山西文化、乔家文化，这也是山西文化的一种输出和传播，使游客在充实的旅游体验中加深对山西、对乔家大院的深刻理解。❶

休闲度假式的享受旅游，是目前大多数游客的旅游方式，但随着城镇化进程的加深，了解和经历过乡村生活的人会越来越少，因而在今后的旅游发展中，乡村旅游、吃苦旅游、体验乡村劳作旅游会越来越具发展空间。

融入了地方农业景观的民俗体验旅游，将使乔家大院对游客的吸引范围扩大，有些原本在太原、晋中等地的游客也会被纳入，景观的多样性会使更多的旅游产业融合、发展、共存。

周边环境吸引的不仅是国内一次性到访的游客，也将会吸引与它距离非常近的城市游客的频繁造访。这些人可能不会二次进景区，但会视乔家大院周边为周末娱乐消遣的良好天地。周边环境的服务对象将多元化，景观的多样性增强，将会容许更多的旅游融合性产业共存。

（一）交通方面

乔家大院位于山西祁县东部的乔家堡村，交通便利，距离省会太原约60公里，是太原去往山西南部的必经之地。从大的角度而言，位于省会周边，有多种便捷的交通出行方式可以到达太原。从小的角度而言，从省会前往景区的路途中，距离与所花费的时间不成正比，没有景区直通车，公共交通也不完善，没有配套的旅游产业，不利于外地游客或选择公共交通出行游玩的游客。因此从交通角度看，乔家大院景区会无形中流失一部分游客。作为一个5A级景区，在景区交通建设方面仍需要改进和完善。

（二）周围环境方面

借助乔家大院的火爆和晋商文化的影响，在山西省大力发展旅游产业的政策下，乔家堡村的旅游服务业发展却没有紧跟政策，脚步稍显缓慢。其周边充斥着琳琅满目的旅游纪念品，质量参差不齐，样式千篇一律。小商贩摩肩接踵般排列在旅游者进出景区的必经路上，使道路变得狭窄、拥挤而嘈杂，让人厌烦，又影响景区的形象。景区周围村民新式住宅小区和地方风味餐馆的现代化建筑，与乔

---

❶ 胡炜霞. 基于种间竞争理论的旅游景区周边环境开发利用——以山西乔家大院为例［J］. 经济地理，2014（12）.

家大院的视觉反差过于突出、格格不入；在村口提供旅游交通、餐饮、私人导游服务的人员态度不是很友善，素质普遍偏低，目的性很强。当地村民的生活区域与旅游者在空间争夺上产生了矛盾，景区因此也受到部分人的排斥和挤兑。这是典型的一方受益而另一方受抑制的中间竞争状态。

景区是为游客提供旅游体验享受的，不仅仅是对景区内某一个具体景点的感受，而是对景区全部范围内的整体感受。所以，景区希望乔家堡村在靠旅游业获得大量财富的同时，还能创造出一个优美的环境、景观等，这就要在乔家大院周边适当建设一些让游客欣赏和使用的其他景观，加快景区与周围环境的相对独立性的形成，达到相互依存、共同盈利的状态，使周围环境布局和建筑外观形成一种形式美，实现周围环境使用设施的内部经营功能。

1. "院—园"一体

院—园一体是以乔家大院景观为依托，建设城市中的环状景观公园体系。要以乔家大院景观为核心，做好大院景观的本体保护。保存完好的乔家大院，是建设环状景观公园的重要节点，要成为人流聚散的集中景观场地，与城市中的景观地标相呼应。对乔家大院周边景观的开发与建造，可以将清代晋商遗址的旧貌展现给人们。在乔家大院景观周边，可以设置市民游览步道，使当地居民和外地游客享受沿着乔家大院环院漫行。在乔家大院景观外围设置城市带状景观公园，同时，根据带状景观公园的横向宽度大小，设置部分景观公园节点，如晋商广场、碑林、雕塑等。在乔家大院环状景观公园的外围设立城市道路及城市道路两侧的流动空间。该空间主要需要处理好城市道路与乔家大院景观及乔家大院周边景观带状公园的穿插交叠的关系。同时，要考虑到城市中商业空间的发展与乔家大院保护区域在距离和风格上的关系。

环状景观公园的树种选择，应以柏树、柳树、国槐为主，即能彰显古朴典雅的景观氛围，也能展现出山西地域景观文化特色。乔家大院环状公园的铺装材料，建议采用仿古青砖，较少使用花岗岩等现代石料。在乔家大院环城公园体系中，可以适当增加景观雕塑，并以晋商文化和山西文化为主要体裁。

2. "院—河"一体

在乔家大院景观传承与发展中，希望将乔家大院与水系资源联系起来共同组建"院—河"互动体系。在乔家大院的景观设计规划中，水系资源的景观开发有三个要点，一是疏通水系，构建景观水上游览路径，二是加强乔家大院沿线水景的设计以及游览路线的规划，三是实现水陆游览的互动模式。

（三）展示与体验方面

互动式景观体验凭借其独有的互动性、体验性逐渐发展成为现代景观发展趋势之一，这种景观体验方式伴随体验经济的发展应运而生，以 AR、VR 技术为手段，依靠游人的互动参与构建起游人与景观沟通的桥梁，慢慢渗透进人们的生活。互动式体验景观对不同客体的作用总结如下：对于游人来说，一方面互动式景观体验可以满足其自我实现的要求，另一方面可以正确引导游人接触自然、亲近自然；对于设计师而言，互动式景观体验能够直观地传达设计情感；对于景观本身来说，一方面，景观与游人互动的同时相互影响，起到景观自我动态重塑的作用，另一方面可提高在同类景观中的受欢迎度。

乔家大院的景区旅游相对缺乏人的体验环节和人的参与性。因此，景区本身和依托景区生活在其周围的人，并没有借此得到更多的收益，受限于大院内部空间狭窄，游客比较集中，导致游客实际参观时间较短，没有足够的场地和空间展示更为直观、具体的民俗活动表演，因此游客对当地民俗风情的好奇心并没有得到充分满足。再加上游客们在大院中已经看了许多令人目不暇接的文物珍宝，实际上如此大的信息量对游客的记忆力也是一种考验。游人与景观互动需要有自发性，即游人积极主动的参与性是互动式景观体验的另一重要特征。互动式景观体验的设计通过生动有趣的形态、丰富多彩的创意、全感官的刺激等不同方式，增强景观的吸引力，进而引导游人积极主动地参与到景观环境中。

为增强旅游体验和丰富游客旅游活动，在周边适当开展乡村民俗的体验活动，建设新的风俗文化场所，突出晋中地区的农业生产、生活习惯、饮食文化等，利用以上这些元素与民间音乐、戏曲表演，使游客可以临时客串角色，亲手制作当地特色美食等，总之是让游客有更多的参与性。这些体验项目既可以按照类别单独展示，也可以多个种类集中展示。开展民间音乐会、戏曲、秧歌等活动；将特色小吃、副食饮品等穿插在表演过程中，最后再衔接当地的一些土特产。民俗开发要找好自己的定位，找到自己的特色，以及和其他地区、景区不一样的东西，让旅游者身临其境地欣赏周边的环境，感知当地的民生百态，刺激旅游再消费就自然而然成为一件主动而愉快的事情。

在互动的过程中游客体验趣味，收获快乐，增长知识；与此同时，在轻松舒适的环境下，可以远离钢筋混凝土的"牢笼"，消除日常生活中的疲劳，减轻烦琐工作的压力，亲近自然，提升幸福感与生活品质，放慢脚步，品味人生。

人与生俱来就具有自然属性。人的自然属性是指人类的肉体和自身所存在的特性，成为人类得以生存的根本基础。同时，人还具有社会属性，社会属性指的是在社会实践活动过程中人与人之间发生的复杂关系。随着社会化不断迅猛发展，人与人之间的关系即人的社会属性受到更多关注，致使人们逐渐忽视人的自然属性的健康发展，导致亚健康人群增加。网络及电子产品在带来便利的同时，模糊了虚拟世界与现实自然之间的界线，限制了人们的想象力、创造力及动手能力的发展，丧失了亲近自然的本能，缺乏在平淡自然中发现美的能力。然而，互动式体验景观理论提出，通过鼓励游人与景观的互动，调动游人参与的积极性，打破游人与自然之间的无形"壁垒"，激发游人对景观的体验与感知能力，可以维持人类的自然属性朝健康、有序、平衡的方向发展。互动式体验景观提供了一个人与自然沟通、交流的平台，以开放的姿态，拥抱每一位驻足、互动、参与、体验的游人。

　　传统意义上的景观设计仅依赖或是主要依靠视觉形象传达设计情感，在短时间游览时是很难给游人带来深层刺激与共鸣的，更别说让游人行走其中忘我沉浸，去体验设计师的主题立意与设计意图。与游人互动成为动态景观的一种表现方式，它让游人可以从自然景观的刺激中获得更多有价值、有意义的东西。互动式体验景观的实现，主要是将自然景观与设计师的情感立意相互重叠，使景观的面貌立体而新颖，通过游人自发性的参与体验，与景观产生互动，从而给游人带来真实的感受，体会设计师的设计情感与设计意图。

　　在互动式景观体验中与游人的互动程度越高，游人对景观设计的满意度也越高，因此景观设计作品也越受欢迎。游人与景观互动的程度越高，互动过程的时间也就越长，这样可以给游人充分的时间去体会景观，去感受景观，进一步了解景观中的内涵，增加游人对景观的体验感，在互动体验的过程中，提升了景观的价值，增强了景观的作用，从而提升景观的受欢迎程度。❶

　　❶　张超．互动式体验景观在园博园展园中的研究与运用［D］．北京：北京林业大学，2016.

第七章　基于文化传承与人性关怀的乔家大院景观创意设计

第一节　乔家大院创意景观设计的理论基础

乔家大院的景观设计与当地的历史文化有着紧密的联系，其建筑本身承载着晋商发展的历程、民间生活习俗、古代北方景观设计理念、中国传统哲学文化等。因此，乔家大院景观创意设计的过程就是对文化的探究和传承。

经过不同方面的设计研究可以充分将不同的特色景观文化内容融入乔家大院景观设计和规划之中，将带有浓厚的人文情感色彩，将人类的哲学思想、文学情感、审美理念都融入了现代景观设计的建造当中。

在如今，高楼林立的现代化城市里，我们应该以怎样的形式对传统文化进行有效的传承和发展，如何平衡好传统文化与现代社会文化之间的关系，如何将传统文化融入现代设计的同时设计符合大众的审美需求。这些问题都值得我们深入研究和探讨，最终总结出适用于能够体现乔家大院景观设计的文化传承和人文关怀的方式及途径。

第二节　文化传承在乔家大院创意景观设计中的重要性

一、文化传承影响人的意识和行为

文化传承，首先是社会文化在个体化发展当中的表现，其次是个人文化在社会化发展上的体现。乔家大院的景观设计不仅是艺术的具体表现形式，更是中华灿烂文化的具体表现。一方面，乔家大院景观中丰富的文化内涵会内化进参观者的个人意识中去；另一方面，景观设计师也会将自己对乔家大院文化内涵的理解，通过对景观的创新形式表现出来，转变为社会文化的一部分。乔家大院景观是传承过程中主体和客体之间的一个中介，设计师在景观设计中的设计语言通过不同的方式在景观中被游客所解读，并内化到游览者的思想中去。

二、文化传承具有时空上的延续性

乔家大院中的文化通过景观设计的形式进行传承的，设计师亦通过这种景观形式来表达自己的设计思维和理念，游览者在观赏的过程中利用自己现有的知识存储量来对设计师的理念进行解读，利用现有的艺术设计积淀对于设计师的理念进行评价，并将这种设计情感予以升华，融入自己的思想中吸收和内化。

乔家大院景观设计的文化传承是建立在实体景观之上，能够在时间和空间上进行延续，被不同年代、不同地域来此参观的游客进行解读。因此，乔家大院景观设计的文化传承不同于语言和其他传承形式，在时间和地域上不受限制和约束。乔家大院的景观设计是对历史文化、山西文化，以及晋商文化多元化的融合、传承和创新。

三、文化传承具有继承与超越的特性

文化在传承过程中带有继承与超越的特性。文化传承的继承性是指对在社会、个人之中所存在的原有文化进行继承，传承的结果是要将原有文化中对现代社会和个人发展有益的精华部分保留下来，并非原封不动地全部继承。文化传承的超越性是指在继承性的基础上，对原有文化精华部分予以保留的同时，再有选择性地吸收和能动性地扬弃，并能够发展出适应现代社会、超越原有文化的文化。

在中国古代封建社会中，由于传播途径不发达，文化的发展与传承较为缓慢，几代人所接受的文化与教育几乎没有太大的改变，所以在文化传承过程中对前代流传下来的文化选择和扬弃的部分较少，继承性在文化的传承过程中占了主要地位，因而社会和个人的发展便缺乏创新、开放和主动的特性。如今文化发展变得日新月异，对原有文化有了更多选择性的吸收和能动性的扬弃，超越性在现代文化的传承占了主要地位。在此文化传承影响下的社会和个人，也开始具有了现代、创新、主动和开放的开拓性人格。总的来说，虽然文化传承自身并没有创造文化，但通过将乔家大院文化的继承性和超越性有机结合起来，会使乔家大院

文化有突破性的进展。●

四、乔家大院景观中的文化传承

乔家大院的景观艺术价值一直在被世人所推崇，它以闻名而悠久的晋商历史和独特的建筑魅力在中国建筑史上占有重要地位。儒、佛、道的三大思想体系在中国传统文化中有重要的地位，它们对中国的景观园林设计也产生了巨大的影响。首先，儒家思想可谓贯穿中国文化的发展过程，在古代封建社会儒家思想成了皇权统治的工具，也是有志于功名的人士必须学习的思想。佛教虽然产生于印度，但被中国所接纳并广泛传播，成为中国文化的重要组成部分，也与封建统治阶层密切相关，得到了其大力支持。道家思想可谓中国土生土长的宗教。它注重世间的阴阳平衡、个人的修炼以及长生不老，强调人与自然的和谐相处，而中国古典园林设计则体现出对自然山水的追寻，表达了人们在心灵上对自然的崇拜和向往。强调人与自然的和谐相处，在乔家大院的选址和建造中也有充分的体现。历史上文人雅士们的诗词歌赋、音乐、书画等作品作为乔家大院的装饰元素随处可见，使得院落的整体风格充满了文人气息。事实上，山西境内的许多院落都是当年晋商辉煌历史的真实见证，而时代对景观园林的设计形式又有了更高的要求，要求其具备更完美的体验来满足大众的需求。

五、文化传承在乔家大院创意景观设计中的应用

在乔家大院的景观设计中，艺术与技术的完美结合和体现是现代景观设计创意的绝佳思路，从古今中外的优秀园林景观作品中我们可以看到，从设计方案的初步形成到之后的技术实施都有艺术家的身影，这便保证了景观园林的设计和建造具有了高度的艺术性。西方的景观园林讲究几何形体美、装饰图案美，而中国的园林讲究自然之美，两种景观园林设计的类型在形式与建造风格上虽然存在着差别，但从根本上说都是艺术设计家们对美的理解与感悟，这些艺术家们是在用花草树木、亭台楼宇、山川水源等各种景观设计元素，在广阔的大地上创作着自己的作品。从中国古代景观园林延续下来的艺术成就，包含着厚重的历史文化记忆。一方面，需要现代景观园林设计师们去继续传承和发展其中的灿烂文化；另一方面，也必须看到这种厚重文化带给现代的景观设计师们，在设计思路创意上的影响和束缚。第二种观点说明了当前设计思路在传承与创新之间存在的矛盾关

---

❶　郝国文. 基于文化传承与人性关怀的景观设计研究［D］. 福州：福建农林大学，2008.

系。带着枷锁去舞蹈，总是让人感到沉重而悲壮。在经历清王朝200多年的闭关锁国之后，中国的大门再一次向世界打开，而这也引发了国人对本国艺术文化的重新审视和评判，有人认为要全面照搬和学习西方景观园林的建造艺术；有人依然陶醉在中国古典园林设计在世界园林设计中地位高高在上的美梦。这些极端思想势必会影响并阻碍中国景观艺术设计事业的发展。因此，在乔家大院的景观设计中要懂得兼收并蓄，博采众长，从东西方的园林景观艺术设计中学习和吸收彼此的特点和优势，选择性地借鉴和利用并融合现代景观设计元素，从中提炼出富有创意的设计思路和方法。

第三节　乔家大院景观文化传承的方式和途径

乔家大院的景观元素中包括了自然和人文两方面的元素。自然景观元素包括山石、泉水、植被等。人文景观元素包括名胜古迹、壁画、雕塑、民间工艺美术品、诗词楹联、民间歌舞、服饰、宗教活动、地方节日习俗、庆典、民间技艺、神话传说等。文化传承就是要将自然景观元素和人文景观元素，通过艺术手法融入乔家大院的创意景观设计当中。❶ 具体的方式和途径有以下几方面。

一、整体规划设计原则

乔家大院原有地区的自然环境和人文环境是一个已存在多年的整体，它们之间已经建立起了紧密而和谐的关系。因此，在初步规划设计时就要用全局的眼光和思路来审视乔家大院原有的地区，形成一个合理而富有创意的景观设计方案。

二、契合时代发展的主题

城市和自然的发展与人类社会的发展密不可分。生活在城市的居民在心理上非常渴望亲近大自然，向往自由自在、无拘无束的田园生活，将另外一个时空的景观环境加入现代人的生活体验中来，时空距离感在这里会大大缩小；游客们可以从中获得不同的景观环境的舒适体验，尽力满足人民大众对景观空间的多层次需求，从而促进社会效益、环境效益和经济效益多方面的发展共赢。

---

❶　王燕萍.基于文化传承与人性关怀的景观设计探讨［J］.现代园艺，2015（10）：84.

三、突出场地特色

好的景观设计作品应该是最能懂得和满足大众体验者精神和心理需求的作品。每一个景观设计作品都希望能够独具特色、独占鳌头，因而景观设计的特点便有明显与模糊的差别，如何才能更好地凸显地域景观设计的特点，不断满足现代人对新鲜感的追求。这就需要有选择性地将其中几个地域景观设计元素做深、做细、做好，处处都有特点，那就等于没有特点。通过仔细分析研究，精选出当地最具吸引力的景观元素，融合并运用多方面艺术与技术的创意手法将它们凸显于新景观之中，就会成为景观的亮点。

四、注重对整体的保护

在景观设计中要注重对具有年代感的古老街区、建筑群、古遗址等的整体景观环境的保护与建造。欧洲许多著名城市，每年都会吸引大量来自世界各国的游客，一个重要原因就在于这些城市留存着非常多的具有悠久历史的古老街区、建筑群或古遗址等，如巴黎的圣母院、雅典的卫城、古罗马的斗兽场、西班牙的圣家族大教堂等。它不仅对建筑体本身予以保留，从当地居民的生活状态到自然景观环境都保留了过去的原始风貌，因而，这些景观能够完整地呈现在游客们面前。

第四节　人性关怀的乔家大院景观创意设计研究

一、人性关怀与园林景观

每一座景观设计都相应地有其特定的风格和受众。但无论什么特点和风格的景观设计，都应当适应于它所处的那个时代的设计语言，诠释着那个时代的社会精神风貌，并更好地被大众所接受，更好地服务于大众。

二、人性关怀与人性化设计的关系

景观设计的核心是要以人为本，要以人性关怀作为设计的理念，深入挖掘所设计的景观作品与体验者的行为、心理和情感等各种需求。从人的需求出发，以人性化设计作为设计的手法，运用符合人性关怀的设计理念，充分将艺术与科技

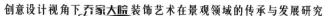

融合在一起，展现出设计作品的人文精神，体现出人与自然，人与设计作品的完美结合，从而设计出具有美观性、功能性和实用性兼具的作品。

三、乔家大院景观设计中文化传承与人性关怀的关系

1. 人是文化产生的源泉

人生活在环境中，环境也因为有人的存在而不断进化发展并延续，逐渐在每一个地域形成了独有的文化景观特色。景观文化经过一代代的积累与传承，不仅丰富了人类的物质生活、精神生活，也为一个城市的发展与建设提供了宝贵经验。文化是随着人的发展而形成的，文化与人的关系是紧密相连的，对于文化的传承也是对大众的关怀。❶

2. 文化是一座城市发展的根基和命脉

传承历史文化是山西长久发展的需要，乔家大院便蕴含了深厚的山西文化。景观设计是一项重要的文化事业，景观设计在满足体验者需求的同时，也是文化传承的工具之一❷。乔家大院景观设计体现了晋商文化的精华，是其发展的根基和命脉。

3. 文化传承与人性关怀相辅相成、相互促进

人从一出生便置身于文化之中，受文化的影响与熏陶，文化环境在无形之中影响着我们每一个人。置身在良好的文化环境中，有利于民众素养的提升、营造出和谐的人居环境，满足大众的精神需求，人们能够自由而平等地实现更多的自我价值；反之，落后、粗劣的文化环境必然会阻碍社会的良性发展，造成严重的社会问题，并导致负面社会现象的发生，更谈不上什么对人的关怀。在景观设计中也是同样的道理，人性化的景观设计将会消弱社会中不良文化所产生的负面功能，体验者对环境产生的负面影响也会减少。

4. 文化传承与人性关怀需要统一到景观设计中

传承和发扬中华五千年的灿烂文明是每一个中国人永远的使命，这就需要景观艺术不仅服务于大众，满足大众精神层面的需求，更要担当起文化传承的历史使命，促进人的全面发展。

---

❶ 茅惠惠. 浅析园林景观设计中的文化传承与创新 [J]. 城市建设理论研究（电子版），2014（26）：3451 – 3452.

❷ 赵苑竹. 基于文化传承与人性关怀的园林景观设计探究 [J]. 现代园艺，2017（2）：82.

第八章　运用虚拟现实技术营造"融情于景"的现代城市互动景观

第一节　乔家大院景观创意设计对虚拟现实技术的运用

随着社会的发展以及科学技术的进步，设计思维和方式也都在发生着深刻的变革。目前，虚拟现实技术已走入人们的视线，从发现至今这项技术在不断被各个领域所挖掘与应用。虚拟现实技术在影视、媒体、建筑、景观及历史文化遗产的传承和保护等方面，开始发挥前所未有的作用，如虚拟漫游，历史文物古迹的再现与修复，虚拟景观现实建造等。这种新的创作和展示方式为历史文化景观的保护、开发与建造拓展出新的途径，实现了从多方位、多角度、深层次了解历史文化，极大地满足了设计者的想象空间，也给游人带来了全新的视觉体验与精神享受。

虚拟现实技术的广泛应用及理论基础的不断完善，使景观设计具备了沉浸、交互、技术集成、高信息化等一些新的技术特性。网络数字化的交互建筑与景观、立体全息投影、沉浸式体感游戏等一些虚拟现实技术成果的广泛应用，逐步开始进入人们的生活，将人类过去的一些幻想演变成了现实。这一新技术的应用，改变了人们传统观念上的时空观和物质观。景观设计的思维方式具有非线性的特点，设计师在景观设计的创作过程中也变得更加可视、可调、可感，突破了传统景观设计过程和模式中完全由人脑进行的片段式想象的局限。

大众对于设计的要求越来越高，已经不局限在观赏、游览的层面之上，开始对精神方面有了更高的追求，继而上升到对交互体验的强烈诉求。作为最早提出为消费者提供全部体验的公司之一的星巴克，它提出的理念是将简单的商品置于一个综合情景中去，以星巴克商店的设计为例，其坚持将店内每一件看似简单的物品都融于整个商店的环境与氛围之中，让每一位进入商店的顾客都能亲身感受、品尝、触摸到商店环境内所散发出的独特魅力与高雅的品质。目前，在乔家大院的创意景观设计中融入进虚拟现实的观念与技术，继而为乔家大院在景观设计领域的传承与发展开辟出新的思路及途径。

一、虚拟现实技术的优势

虚拟现实技术包含多门技术性学科，如图形图像学、景观建造学、人工智能、多传感器技术、语音处理与音像技术、网络互联等多种高技术集成，多元信息的处理能力强。因而，在现代设计中，依托虚拟现实技术具有构想性、交互性和多感知行等。

二、人体多种行为方式的模拟

根据体验者做出的不同动作，产生相应的景观环境通过虚拟现实技术实现对体验者不同游览方式的模拟，如对步行、乘车、鸟瞰与飞行等多种运动模式，进行现实模拟，形成空间序列，使游人获得最大满足。

1. 设置特定观察角度

首先，要对景观的最佳观赏角度和区域进行分析，运用虚拟现实技术可以模拟出不同人群的观赏视角。对不同人群的视觉感知区域进行多方面的分析，如有老人的、孩童的、宏观的、微观的等。设计者可以随时利用计算机的输入设备进行景观场景的定位，不断完善自己的设计作品。

2. 设置不同的气候与时间

景观环境受季节气候的影响较大，尤其是自然景观环境与时间有直接的联系。春、夏、秋、冬四季，白天、夜晚的时段更迭，都会对视觉体验产生影响。另外，风、雨、雪等特殊天气也是特殊构成要素。虚拟现实技术可模拟出多种时令和气候、时间环境，获得不同特征的景观。

3. 设计景观环境的信息化

虚拟现实技术可以实现较好的人机交互体验，包含全面的、可以共享并随时利用的大数据信息资源。在虚拟场景中，可随时调用基础数据、文本信息、视音频媒体等的实时数据，与游人互动和交流，提高了工作效率，充分发挥了设计者的主观能动性。

人类社会的进步与发展一直都离不开科技的进步与发展，无论在何种行业，技术的发展一直是直接动因。它不仅是艺术事业推进、发展与重构的一个动态性基础，还是直接源动力。

三、虚拟现实技术在乔家大院景观设计中的内涵

（一）虚拟现实技术的艺术内涵

1. 时间的可逆性

在虚拟现实技术下时间概念开始有了改变，一定程度上有了扩展与延伸，既可以真实地表现出来，也可以对时间进行任意调控。时间概念上的可逆与调控，可以使游人获得乔家大院景观中不同时间片段所承载的信息，生动观察乔家大院发展的兴衰历程及真实生活的片段场景，还可以看到不同时节、昼夜的乔家大院景色，根据游客个人的需要放大或缩小景观中的时间尺度，获得不同时间所带来的景观艺术美。

2. 空间艺术重构

空间的存在表现了物质的存在性和空间性，不以人的意志为转移。虚拟现实技术的出现，打破了如今设计者对传统空间结构的认识，从狭义上来说，景观空间在虚拟现实技术和观念的影响下，是对现实景观空间的补充与互构，是集时间流、信息流和幻想性于一体的全新的景观空间；从广义上讲，景观空间具有一定的网络性，元素更为丰富，空间界面具有很强的流动性，空间内容也有了很强的互联性。这种虚拟空间的艺术重构在乔家大院景观设计创作过程中，更加契合当前社会文化和大众个性化的趋势。

3. 非物质化的艺术

随着数字化生活方式的发展，一种新的艺术形式——非物质化艺术得以衍生出来。这种艺术依托于计算机等数字化设备以及数字化生产方式，如网页设计、多媒体设计、游戏场景设计等，都受到了虚拟现实技术的影响。为适应和满足大众日益增长的精神需求，景观设计需更加注重个性化、人性化和情感化，更多地朝超越时空的五感体验和心理体验等非物质化方向，赋予景观更多、更为丰富的精神品质，使景观设计具有情感、个性和生命力，利用设计与游客建立情感的纽带，提升和拓展乔家大院的文化价值。

（二）虚拟现实技术的审美内涵

景观是环境艺术和技术的结合，人们对景观美学的感受是通过五感体验、行为体验、心理体验的方式来实现的，又随着时代、时间的不同有着丰富的变化。在传统观念中，人们会把景观设计作为艺术作品来欣赏，而在虚拟现实技术的应用中，游人更多是以参与者的身份参与其中获得对景观的审美感受。

乔家大院第五院落中的一进院子是整个乔家大院中最美的一处，而人们却无法体会到沉浸其中的意境感。还有这些当年的家具陈设只能当作艺术品供游人观赏，无法亲身置于其中体验。

通过使用网络空间和虚拟的数字信息设备，乔家大院景观的创作结果可以虚拟的设计形式展现出来，使人们在虚拟的世界中漫游体验。如今一些城市中新建的景观和主题公园就采用类似的虚拟游戏中的导游视图形式，为游客提供形象具体的景观地理位置、游览路线、景观空间形象特征等信息，游览者可以在虚拟环境中游览和体验。乔家大院中依然还是图片式的景区导览图，画面上的信息虽然较为全面，但是缺乏引导，以及游人在其中的交互性和沉浸感。

相对于展示乔家辉煌的商业版图，详细地绘制商路分布图，对于游客而言，更希望有互动体验，在互动的过程中领略乔家的商路历程。

四、基于虚拟现实观的乔家大院景观创作新思维

虚拟现实技术的发展，为如今游人个性化的景观设计思维方式提供了广阔的展示平台。相较于传统的景观游览体验的局限性较大而言，因为虚拟现实技术具有了跨越性、间接性和全球性等优势，所以虚拟现实景观下的乔家大院景观创意思维具备着理性与感性的融合特征。

（一）逆世界融合下的景观空间设计思维

从空间创作上对乔家大院景观进行创作，对其环境空间的感知和把握需要设计者亲身体验。因此，需要对其进行重新体验的感知分析。从客观角度来看，时间、空间和物质是构成客观景观空间体验的三个基本元素，需要对这三个元素进行重新探索。在传统景观环境空间的体验认知里，时间的概念是线性的、顺序性的、不可逆的；在空间上是围合的、静止的、存在的；物质是实在的、具体的、可感知的。虚拟现实技术的应用和思维意识不断发展与进步，人们对虚拟与现实空间的交织和结合，使体验者对景观空间认知的范围有了空前拓展，也是对传统空间认知的逆向延伸。在虚拟现实空间观念的基础上，景观空间不仅是由简单的物质实体围建而成的，其中需要融入大量的信息和能动的虚拟空间。设计者将一系列具有虚拟特征的空间元素融入乔家大院的环境中，使空间结构以动态形式展现，能够灵活变换。

（二）新认知建构下的非线性设计形态思维

设计中有线性思维和非线性思维两种方式，相对于目前的乔家大院，创意景

观设计形态需要建立一种全新的与之适应的非线性思维进行重新把握和认知。❶

景观形态的非线性具有自由、连续、不规则、随机、流动等一系列动态特征，通过提炼与完善，将各种虚拟因素从概念到抽象并转为具体形象，使之具有很好的可塑性和适应性。以虚拟现实观为理论基础的非线性景观设计形态创新性思维主要关注以下几个方面。

1. 整体性

乔家大院的虚拟景观设计是与建筑和其他实体事物共生的环境整体，而非线性景观设计形态的思维主张重点处理好虚拟元素与现实元素之间的整体关系。

2. 关联性

在传统思维中，景观空间的考察一般都是从实际景观环境出发，景观建筑个体单元的演化不是孤立存在的，是与周围景观环境相互作用的。因此，乔家大院的景观空间形态不是孤立、单一的，具有内在的规律和联系。在设计中必须对这些关系进行深入的分析和研究。

3. 过程性

乔家大院景观形态创作不应局限于静态的设计思维，引入时间的维度，将设计思维过程化、景观空间序列化，进行组织和协调，不断推进过程设计思维，寻找出新的创意设计灵感。

（三）多感知交互下的综合性体验思维

设计者在对设计要求、周边环境因素、历史文化、地域文化特征及景观空间意义等进行分析的基础上，深入探索乔家大院景观空间的规律，要结合景观的结构、功能、景象以及意境的要求，最终设计出创意性的乔家大院景观。

五、基于虚拟现实技术的乔家大院创意景观设计方法

设计最重要的是满足人们的物质和精神以及多层次的需求，通过对乔家大院和山西地域中的多种物质和信息进行重新建构，使体验者与乔家大院景观和周围环境成为一个互动整体。乔家大院的景观空间与其自身的建筑空间有所不同，它并没有明确的界限分割。对于景观空间，从不同的角度进行划分，其结果也不同，根据景观的开放程度划分为封闭、半开放、开放景观空间；根据体验者的心理感受来划分，可以分成界限明显的实空间和没有明确界限的虚空间。

在以往的认知中，人们对空间的基本认识只是经典几何学里以点、线、面的

---

❶ 季景涛. 基于虚拟现实观的景观创作方法研究［D］. 哈尔滨：哈尔滨工业大学，2014.

组合构成的，通过人的体验感觉决定对景观空间认知的能力。然而，在虚拟现实技术的应用中，决定景观的空间不再局限于设计师和客观的地理环境，而是可以将景观空间的边界变得逐渐模糊并融合，由静态转为动态。因而，在当代景观空间设计中，乔家大院景观空间设计基本的功能元素不再独立分开，更多的是进行相互的融合和转化。通过虚拟现实技术对乔家大院空间进行功能化处理营造动态空间氛围，使景观空间内的复杂性、随意性和功能的可变性相互之间有机结合，因而，景观空间开始冲破传统规则，转变为一种超时空和非物质共同作用下的新"景观空间"❶。

（一）超时空概念下的景观空间设计要素的拓展

信息界面对景观空间的设计有直接的影响，信息界面形式和内容的变化直接与景观空间的内含变化相联系。在传统景观空间设计中界面分为三种，即硬质界面、软质界面和介于二者之间的过渡界面。目前网络技术的发展和虚拟现实技术的应用，打破了以往景观空间中的单体分割关系，通过技术手段将各种形态的景观空间中的多种元素进行关联，继而形成景观空间中信息界面的互动性关联，主要表现在三个方面。

1. 遥在性

遥在性是利用计算机、全息投影、三维成效等虚拟现实技术，将乔家大院景观空间中的信息界面不再局限于物理位置的固定存在，依靠信息传输技术，使得乔家大院中的信息传播突破了地域空间的束缚，即使不能亲临现场，仍能感触可见。这对于乔家大院的传承和发展是十分有必要的，遥在性可以让世界各地的游客足不出户就能体验到乔家大院的风貌。

上海世博会的建设是一个很好的范例，其设计和建造就是通过虚拟现实和网络信息技术，构建出一个世博会网络平台，实现了实时互动等虚拟交互体验，利用三维虚拟现实技术，将整个实体的世博会场馆内外的精彩内容全部展现在网络平台上。世博会网上平台的建立不仅吸引了大量游客前来观摩，更是为许多游客弥补了无法来到现场的遗憾，网上游客通过虚拟现实技术以第一视角对虚拟三维场景的浏览、全景漫游、互动沟通等，实现了生动的展区互动和体验。同时，游客还可以在网上获得世博会的地理信息、内部分布、相关设施、场馆中的各类文化体验等大量的丰富信息。现代互联网这种绿色低碳的方式，不仅满足了游客的体验感，更是实现了对上海世博会的高效推广，也节省了世博园多项运营成本。

---

❶ 季景涛. 基于虚拟现实观的景观创作方法研究［D］. 哈尔滨：哈尔滨工业大学，2014.

2. 流动性

在虚拟现实技术的操控下，可将虚拟空间与现实空间相结合，可以因人的体验变化而变化。随着游人对景观空间体验的深入，传感器根据游人体验所发出的信息指令进行空间界面的变化，为游人营造出乔家大院不同的景观空间体验。

3. 融合性

通过对虚拟现实技术的应用，将现实的景观空间和虚拟的信息界面相融合，让体验者对乔家大院景观有一种全新的游览体验和感受，甚至实现让游人无法区分现实与虚拟的边界。

在技术变革与网络媒体多样化发展下，原有信息界面所固有的属性有了多元的发展变化，越来越多非物质元素被引入景观设计中来，从写实绘画、雕塑等到虚拟现实、交互体验，最终目的是要体验者忘记"界面"的存在。改变原先被动式的观赏方式，将交互体验融入游览活动，使得乔家大院具有交互性、沉浸性，让游客沉浸在乔家大院的互动体验中，对院落中的点点滴滴所包含的历史文化与历史场景有更深入的探索和了解。虚拟现实技术下的超时空概念，让原有静态、固定的景观设计有了软化、动态的特征，提升了游人对乔家大院景观空间的未知和变化内容的探索欲望。对于乔家大院时间和空间性的巨大改变，能够对游人的游览体验产生较大影响。在充满体验和互动的乔家大院景观空间中，其中的场景会随着体验者需求的变化而变化，产生出与体验者产生心理共鸣的景观空间意向效果。

（1）信息交流界面的软化与模糊性。

在景观空间设计中通过将信息交流界面进行模糊改变，可创造出与游客所处的不同院落以及其中包含的文化历史背景，产生互动关联的空间与场所。景观空间中界面的软化和模糊处理，增加了乔家大院景观空间中的动态性和流动性。

（2）场景的交互性。

虚拟现实技术在景观设计中的应用，使景观空间场景具有了交互性。景观空间可以随着体验者的行为、心理、情感的变化而变换场景中的形式与内容，来吸引游人产生进一步与景观进行互动、交流和探索的兴趣，丰富乔家大院中景观空间的内涵。

（3）景观空间中对非物质要素的处理。

要根据乔家大院中景观空间的功能需要，在景观空间中添加符合景观特征的光线、声音、视频及动画等非物质要素，从游客观赏心理上形成互动性的效应，并增加景观空间的流动性。

（二）空间尺度的自由性延展

从传统意义上讲，乔家大院的建筑空间尺度是相对固定的，而乔家大院的景观空间尺度是可以改变的。乔家大院的空间尺度是由多方面的因素构成的：乔家大院景观环境所处地域的面积和周边、空间使用功能以及人在生理和心理上的需求等诸多因素。乔家大院景观空间的尺度分为宏观、中观和微观三个不同层级：宏观指城市里居民的居住空间，中观是指城市之间相互的视域空间，微观指人与人之间的沟通与交往的领域空间。

如今设计师们可以通过虚拟现实技术、网络信息技术、多媒体技术等现代技术手段，对乔家大院景观空间进行重新定义与规划。虚拟景观空间与现实景观空间相互影响、相互渗透。信息网络和空间网络在景观空间环境中交织成一个尺度无限、无任何指向的网域景观空间，在这个景观空间中，游人的思维也会促进其向多元化和个性化改变，满足了游人更多的体验感。虚拟现实与信息技术打破了传统的人际交往方式，改变了人们的生存状态以及景观空间设计的发展形式。由此，人们对景观空间设计的尺度要求也发生了改变。在小尺度景观空间内，仅能满足少数人使用、感受的空间类型，随着社会的发展将退出景观设计领域，进而发展成能够包容大量信息资源、满足人们空间想象的全新的大尺度开放式景观空间设计❶。

（三）乔家大院景观空间的动态变化

1. 全方位

利用虚拟现实技术所提供的光效、声音、视频、动画、时节以及运动方式等多种体验方式，对融合后的乔家大院混合景观，进行多角度、多方式的全方位漫游与互动，近距离在乔家大院里感受晋商昔日壮丽的景观。

2. 多样性

随着人们对景观体验的要求不断提高，单一、静态的景观空间环境难以满足游客对日益增长的物质文化需求和互动体验的诉求，因此，乔家大院的空间环境设计要充分考虑多变性特征的融入，大院中的多变性包括多种形式，如空间尺度、空间内容、场景动效、体验路径等。通过虚拟现实技术，改变乔家大院的时间场景，可以让游人亲身体验到不同时节、不同时代以及不同历史背景下的乔家大院，同时实现虚拟环境的互相渗透，丰富了乔家大院整个景观的空间体验，提升其对乔家大院景观的深刻解析，在体验中实现情感的共鸣。

3. 共融性

景观空间环境的动态变化最终目标是实现体验者与空间环境的共融，也是景

❶ 许俪丹. 基于游戏精神的城市互动景观设计研究 [D]. 南京：东南大学, 2017.

观空间环境设计所追求的和谐状态。共融性包含两个层面的内容：一是物质层面，通过空间环境的变化融入自然景观之中；二是精神层面，景观在融于自然的基础之上，通过环境的变化与体验者产生精神上的共鸣，对景观空间设计有更深的了解与领悟。通过景观空间环境的色彩、动态声画以及互动情节设计等方面，增强景观空间的共融性。

在游览乔家大院时，游人始终无法看到乔家大院的全貌，只能通过平面图和模型进行观赏，虚拟现实技术可以让游客实现对乔家大院壮丽景观的全方位、全景式观赏，更能为游人带来感官上的享受。

设计是为人服务的，随着科学技术的不断进步，设计也在变得更加人性化。同样，先进科技手段的应用也使得历史文物、遗址、建筑能够更好地得到传承和发展。虚拟现实技术的应用将原来的被动式赏景转变为主观能动意识的参与、游览、互动，使游客能够自然融入景观空间。本着"以人为本"的设计理念，强调游客的动态参与、景观的动态互动，可以实现游客与景观的深入动态交流，最终能够满足个体的不同需求。

第二节 基于城市空间的互动式景观设计

一、乔家大院与城市景观意境营造

（一）城市景观意境

对"意境"的理解，从广义上代表了人们对周围景观环境的理解，是景观环境所要展示给人的一种特殊语境，因此重点强调的是"人"在城市景观中的属性。在城市的景观设计领域，我们从物质和精神两个方面来进行分析，在"意境"的定义里包含了更多物质满足基础之上的相对社会精神，是一种人文情怀、影响人们的后天因素。

中国古代的许多文人墨客、园林师、书画家等都愿意将自己丰富的情感内涵表现寄托于有限的园林景观中，在景观园林的设计与建造中营造出一种清净宜人的自然环境，成就一副清新淡雅的艺术作品，让建筑、山石、植物等各种园林景观要素充分相融在一起，一园中汇集起精神、审美、价值观念等人的情感意识。

乔家大院不仅在城市景观设计与建造中是一个重要元素，还承载着当地深厚的历史、文化、情感等价值，这些价值既构成了城市的景观意境，也是城市景观意境设计与建造中的重要设计载体。

起初人们对乔家大院价值的理解仅停留在观赏层面，对"有形的"使用价值的认同感，远比对"文化"价值的认同感更简单和直接。现如今人们对乔家大院的使用价值进行了重新思考，乔家大院的"无形的"价值，如历史、文化、情感价值逐渐受到人们更多、更深层的关注，通过不断发掘与深入，逐渐形成了对乔家大院价值的多元认知，正在实现一种价值观上的跨越。

（二）景观意境表达

意境是人们用景观环境的客观存在来表达自己的主观精神向往的一种方式，是对园林环境的高度凝练和超脱表达。意境产生意象，再由"象"进行进一步深化和引导，使游人漫步在景观园林之中的同时，能够为眼前的景色所打动并触景生情、产生共鸣，充分激发出游览者的情感与思绪，使游人游览的空间不断扩展。所以，意境是景观设计的本质目标。

中国传统园林景观设计的意境里包含有丰富的画面层次感，形成多样化的诗中有景、景中有色、色中有形、形中有声、声中有动等全面景观空间体验[1]。园林景观的意境设计注重主观与客观、物体与情感、景色与游人的互动，相互融合，加入艺术美学表达形式和价值理念，成为园林景观意境表达的内涵和载体，园林景观虽然展现出多样性特征，景观内容丰富，但最终表达人文思想观念的原则始终不变。

意境的营造是中国传统园林景观设计研究的重点。从唐初开始，关于意境的概念就已在中国艺术美学领域持续发展，其中包含了对深浅、虚实、景物、形象、意象等的研究。经过漫长的发展和演变，中国传统园林景观设计逐渐形成有若干意境的表达类型。其中主要有色境、香境、声境三种。

1. 色境

色彩是乔家大院景观意境的重要构成要素。在电影《大红灯笼高高挂》中张艺谋导演通过巧妙的视觉效果充分地展现出唯美、浓烈的色彩艺术，增强了荧幕上的画面感，使电影观众不禁想要到乔家大院，亲身感受影剧中的场景。不同色彩的搭配不仅能让游人在情感上与乔家大院产生共鸣，也能引起游人的联想与想象。

2. 香境

香境是对乔家大院在嗅觉意境上的设计与营造。香味也是中国传统美学追求

---

❶ 薛爱华. 立意 理景 象征——中国古典园林设计手法在现代室内设计中的应用［D］. 天津：天津大学，2014.

的重要内容。杭州城中有一家百年小吃——知味观，素有"闻香下马，停车知味"的说法，从这句话中我们不难看出香气对意境营造的重要性。一方面，香气对人具有刺激作用，另一方面能够形成多层次、多角度的环境体验。乔家大院对香境的设计，主要还是通过植物来表达，周边种植具有香气的植物，能增强乔家大院的整体环境效果。

3. 声境

声音同色彩一样，也是乔家大院景观意境的重要构成要素，能够极大地影响游人的观赏心情。乔家大院将山西的传统民歌融入其中，恰当使用音乐营造出具有山西民间特色的文化氛围，使其更具有山西地域化特色，以此传达出的情感来使游人获得审美的享受。在景观设计中通过声音的塑造，可以增强艺术感染力，营造出更加浓郁的意境。

二、乔家大院与城市物质空间

乔家大院与城市物质空间相融合的主要方式涉及保护和传承。乔家大院与周边景观环境及其附属信息，都带有当地历史的印记，这是文化传承的体现。将这些形态结合起来，建造城市景观公园，适当采用遗址公园的方式进行保护与传承，使其与城市景观相互融合，有助于凝聚晋商精神和山西历史特色风貌的形成。同时，它也能够帮助人们更加深刻全面地理解乔家大院以及山西民间风貌的内涵和意义。

通过保护与传承的方式对乔家大院周围的景观进行更新设计，能够减少乔家文化的丢失，增强乔家大院的展示性和亲和力。从传承效果看，其能够保持景观原有风貌，能够带给游人更为丰富的游览体验。需注意的是，这些精神文化、物质文化要素是不可替代的，一旦消失，便不会再生，因而必须以保护为前提，多方面考虑，避免给建筑物造成损坏。

三、乔家大院与城市文化空间

首先，我们来讨论景观场景与现象美学的简单定义，它是乔家大院景观文化与城市景观文化保护设计的前提条件。

从现象美学的角度来看，美的体验具有意向性，也是关联性的存在。景观具有物质和精神两个层面的意义。物质层面是主体物与周边景观环境的结合；精神层面的表达和设计是当地主体文化的写实或写意表现。因此，"美"是一种体验，"场所"是一种载体。"美"成为复杂景观场景相互融合在一起的结果，

"美"的形成是由景观提供的素材和动力。

而场景是具有复杂性的，含有自然环境、历史文化、民风习俗等物质与意识的要素，是以复杂的矛盾体形式，显示出不同景观设计风格的现象美学。例如，苏州拙政园中的"荷风四面亭"，夏时、荷花、微风，再配上"出淤泥而不染"的高雅文人情怀，这些景观环境要素是缺一不可的。因而，美学的体验和产生是多种景观设计要素相互融合、作用的结果。

现象美学中的景观环境具有互动性，当人或物置身并参与其中时，景观环境会将其生动的美学感染力充分地展现出来。静态的景观环境也可以互动，如在山水画中点缀的人物、亭台楼阁，使山水画卷瞬间传神起来。动态景观环境的互动性则更加灵活多变，如在颐和园谐趣园中，围绕在水面周边的长廊，游人漫步其间，步移景异。

现象美学中景观环境具有体验性。让游客体验到的是"情"与"景"的交融，由景生情、境随情迁，即景的变换会使游人的心情转变而产生微妙的变化。面对同样的秋景，每个人的感受却是不同的，"洛阳城里见秋风，欲作家书意万重"（唐·张籍《秋思》），秋风习习，勾起作者的思乡之情；"独立寒秋，湘江北去，橘子洲头"（毛泽东《沁园春·长沙》），从伟人的诗句中我们能感受到青年时的毛泽东不畏艰险、拼搏向上的革命气概。

现象美学给园林景观设计提供了一些启示，即园林景观设计应与其中的山水环境融合在一起，体现出设计的自然属性，形成景观生态美；要与地域特征相融合，体现出文化属性，形成文化厚重美；要与人的情感相融合，体现以人为本的根本属性，形成体验互动美。

关于乔家大院与城市文化空间保护，主要表现形式有以下几种。

（一）借鉴

以乔家大院以及周边景观环境的特征为借鉴和参考，发掘出带有更多历史印记的清代遗迹、民间传统艺术、传统工艺品等相关物质形态，从中提炼相应的语言和形式，将其充分融入现代景观设计创作中，从而形成一种新文化意向和丰富多样的景观氛围理念。

对于氛围的营造以"借鉴"为原则，既要领会和懂得"借"的方法，更要学会对"鉴"的把握，这就需要设计者充分学习乔家文化和山西民间艺术等。例如，唐长安城墙遗址公园，这座遗址公园的主入口处由位于中央的阶梯形广场构成，同时形成了半围合式的空间形态，很大程度上广场的铺砖是借鉴唐长安规划版图和里坊形制进行设计的，建造景观的同时也向来往的游人传达出文化传承的理念。

（二）重现

乔家大院承载了丰富多元的景观要素，这些要素便成为设计师创作的基本思路来源，运用物化手段进行建设能为乔家文化增添更加多样的历史文化景观魅力。

在乔家大院周边景观设计中需要关注的是重现，应具有整体的思路和规划，并非所有与乔家大院有关的内容，都能作为重现对象。如果不能对乔家大院的相关要素加以选择和区分，而是全部吸纳，将会造成景观设计整体布局的混乱。

（三）隐喻

隐喻作为一种常用的语言修辞手段，同时也是交流中人们普遍的思想情感表达方式。但在乔家大院文化空间保护中，是通过带有明显山西晋商地域文化特征的符号、语言，使表达更具直观性，有易于游人的理解与想象。

四、互动式景观体验及实现方法

（一）乔家大院互动式景观体验的特点及作用

1. 弹性可变

互动式景观体验的主要特点是其自身灵活、弹性可变，设计的过程需要动态考虑游人与景观、人与人、景观与环境的互动，以及对景观产生的干预与影响，景观会随游人的数量、互动程度、参与方式等的不同而不同，其自身是一个动态变化的过程，需要整体的、统一的、全面的考虑。

2. 主动参与

互动需要有自发性，即游人的积极主动参与。互动式景观体验是通过生动有趣的形态、丰富多彩的创意、全感官的刺激等不同方式，增强景观的吸引力，使游人主动参与其中，收获快乐，增长知识，消除日常生活中的疲劳，亲近自然，品味人生。

3. 非物质性

互动式景观体验的主体虽然仍是景观，是有形的物质，但其强调的却是游人行为上的互动与精神上的体验。从这个角度看，互动式景观体验的设计正从有形的设计转为无形的设计，是基于为游人服务的理念，以人性化设计为核心，以可持续发展为前提，满足现代社会游人的多元感官体验的需求。非物质设计就要将理性与感性相统一，人文与科技相统一。

4. 互动式景观体验的作用

互动式景观体验是现代景观发展趋势之一，伴随体验经济的发展应运而生，凭借其独有的互动性与体验性正慢慢深入现代生活，依靠游人的互动参与构建起游人与景观沟通的桥梁。互动式体验景观对不同客体的作用总结如下：对于游人来说，互动式景观体验一方面可以满足游人自我实现的需求，另一方面可以引导游人亲近自然；对于设计师而言，互动式景观体验便于更好地传达设计情感；对于景观本身来说，一方面，景观与游人互动的同时相互影响，起到景观自我动态重塑的作用，另一方面通过互动体验可提高景观的受欢迎度。

5. 满足游人自我实现

互动式景观体验服务的对象是游人，那么，就要在景观游赏的过程中，尽可能多地去满足游人的基本需求，根据心理学家亚伯拉罕·马斯洛提出的人类基本需求理论，安全、爱与归属、尊重是游园的基本保障，而满足自我实现的需求却是互动式体验景观所独有的功能，游人与景观互动的过程能充分调动起游人与环境之间的交流，可以无形中拉近游人与设计师之间的距离。只有置身于这样的环境，游人才能逐渐去发觉、去体验、去感受自我，从而满足游人自我实现的精神需求。

6. 引导游人亲近自然

人具有自然属性和社会属性。人的自然属性是指人类的肉体和其自身所存在的特性，成为人类得以生存的根本基础；社会属性指建立在社会实践活动过程中人与人之间发生的复杂关系。随着社会化的不断迅猛发展，人与人之间的关系即人的社会属性受到更多关注，致使人们逐渐忽视人的自然属性的健康发展，导致亚健康人群增加。网络及电子产品在带来便利的同时，模糊了虚拟世界与现实自然之间的界线，限制了人们的想象力、创造力及动手能力的发展，致使人们丧失了亲近自然的本能，缺乏在平淡自然中发现美的能力。

传统意义上的景观设计仅依赖或是主要依靠视觉形象传达设计情感，很难在短时间游览中给游人带来深层刺激与共鸣，更别说让游人行走其中流连忘返，去体验设计师的主题立意与设计意图。与游人互动成为动态景观的一种表现方式，它让游人可以从自然景观的刺激中获得更多有价值、有意义的东西。互动式体验景观的实现，主要是将自然景观与设计师的情感立意相互重叠，使景观的面貌立体而新颖，通过游人自发性的参与体验，与景观产生互动，从而产生带来真实的感受，体会设计师的设计情感与设计意图。

7. 景观自我动态重塑

传统观念认为，景观是人造景物，不具有自我更新与再生的功能。然而，在笔者看来，互动式景观体验虽是人造之物，但其自身是有生命的。它不仅可以通过自身的"更新演替"来重塑自己的外在表象，而且可以借助与游人的互动进而不断变化、动态发展，因此设计师所完成的只是互动式体验景观的基本雏形，进一步的"设计"是需要依靠景观本身及游人参与共同完成的。景观自身的不同组成元素随时间、环境的变化而变化，构成的景观表象也千差万别。如若说景观自身的重塑是自然"做功"而为，那么景观与游人互动便是游人随意而为，游人与景观互动的同时，与景观融为一体，相互渗透、相互影响，游人的多少、游人的互动方式、游人的介入程度等，都在影响着景观的"面貌"。所以，互动式体验景观对景观自身而言拥有独特的重塑、再生作用。

8. 提高景观受欢迎度

在互动式景观体验中与游人的互动程度越高，游人对景观设计的满意度也越高，景观设计作品也越受欢迎。游人与景观互动的程度越高，互动时间也越长，这样可以给游人充分的时间去体会景观，去感受景观，进一步了解景观中的内涵，增加游人对景观的体验感，在互动体验的过程中，提升了景观的价值，彰显了景观的作用，从而提升景观的受欢迎度。

(二) 乔家大院景观设计中互动式景观体验的实现方法

1. 以乔家大院为核心，构建景区环形绿道

乔家大院就像一颗璀璨的珍珠镶嵌在城市之中，通过构建景区环形绿道，形成乔家大院与城市地区空间的宏观上的互动。

多数古建筑会将城市周边的山水风景融入建筑创造的系统中，形成"建筑－山水"互动模式。城市周边的山水也是城市生态系统保护的要素，水资源能够调节城市的湿度与气候，山林能够防风固沙，郊野风景区域也是市民日常游憩的场所。对乔家大院周边景观的规划，可以使之与山水重构相融合。

乔家大院景区规划更新的具体思路是：形成一条环绕乔家大院的景区环道，呈现出山水关系和城市绿地系统的整体性规划。该环道能够将周边景观公园、主要的交通功能节点、大型公共互动区域，连成一个以乔家大院为中心的体系，发挥出线性的串联功能。因此，能够将不同的城市功能区串联起来，建立起完整合理的城市绿地系统模型，方便市民的生活游憩。

2. 地形设计

地形设计是乔家大院景区建设的首要内容。根据实际地形，构建出"山水相依"的景观特色是其空间中的重要内容。周边景观与乔家大院不是孤立存在的，所以地形设计上要突出其在空间分布上紧密性和关联性特点。另外，还要考虑与

景观间的高差关系，以此提供内外联系，使之能够互动和交流，减弱乔家大院与周边景观的疏离感，提高环状公园的整体性。

3. 交通设计

乔家大院的区块特征有利于在景观周边建立主环路，一定程度上拉近了乔家大院与周边景观的距离。在设计中，也可以通过木栈道等特殊形式，增强平台布局。在景区内部的道路设置上，四周建立起公园绿地，再通过木栈道或地下通道的形式，增强与绿地的联系。

4. 水体设计

设想增加乔家大院中的水系景观，以及关于乔家大院周边水系的开发，最为重要的是保持"院－水"关系。发掘或建造出具有历史和传统意义的景观空间，在不影响乔家大院自身整体空间的前提下进行逐步完善，来充分满足游人的多种需求，使景观环境更加美化，使景观空间散发出更多生命活力。水系资源的景观开发有三个要点：一是疏通水系，构建景观水上游览路径；二是加强乔家大院沿线水景的设计以及游览路线的规划；三是实现水陆游览的互动模式。

5. 植被设计

植物摆放与设计首先具有装点作用，乔家大院周边的绿化能够增强生态性和绿化程度，各种植物群落能够增强和改善乔家大院与周边公园景观的衔接关系。

乔家大院和其他历史建筑一样，都是较为重要的文化景观。因此，周边的植物设计不仅要充分考虑到规划的尺度对比、氛围协调等问题，还要考虑到植物、建筑以及建筑和建造之间的"遮"与"透"的协调关系。这里的"遮"是指通过植物的陪衬、遮挡使景区环境相协调，也使得乔家大院更具韵味；"透"指的是植物、建筑物之间遮挡程度的相互作用关系，一般是在植物对建筑的遮挡上空留出最佳游览视觉通道。巧妙利用植物形态上的高矮、胖瘦，增加景区的神秘感和游赏时的情趣。

乔家大院景观设计如何能体现出山西地域特色，植物景观设计也是重要因素之一。要因地制宜，利用植物良好的长势进行景观设计，体现出当地的气候特征、人文特征。如北方相对干旱，植物种类较少，在园林景观的设计中长用松作为设计材料；在江南地区由于雨水充沛、气候怡人，园林造景植物种类的选择较多，因此景观设计就变得更为丰富多样。

在乔家大院的植物景观设计中，同样要遵循适地适树的原则，采用本地树种，既适应北方干旱少雨的气候环境，又能体现出黄土高原的地域风貌，强化自身特色。

（三）以乔家大院为依托，构建城市地域文化

一个地方的地域文脉是指生活在某一地区范围内的居民，在特定的时间和空间上，受到了当地地理环境、历史文化、社会制度、宗教信仰等影响。

1. 地域文脉的表达载体

地域文脉是抽象的，它存在于民间大众的传统习俗、自然环境、文化遗迹和历史古迹之中，要将地域文脉挖掘并展示出来，需要依靠物质实体来承载。物质实体能够在短时间内、有限的空间里，直接、高效、贴切地将其表现出来。

第一，色彩。

色彩符号具有典型的抽象性特征，能在一定程度上将景观的风貌与特征展现出来。不同的建筑景观色彩能体现出不同的文脉特征。

首先，由于北方气候较为寒冷，植物数量品种较少，人们便希望通过建筑色彩的改变调节视觉感受。南方的天气较为炎热，植被种类也丰富多样，有利于营造出一种清香淡雅的建筑色彩，满足人们的视觉审美和感受。

其次，古建筑色彩具有物理功能。北方古城墙的色彩较为深重，具有吸收热量的功能；而南方浅色调的古建筑能将热量散发出去。

第二，材质。

材质在景观设计中是体现地域文化特征的一个重要因素，包括质感、肌理等形式美学特征，如粗糙质朴的山石、黄土、砖瓦、竹子、稻草等，这些材料都是来自大自然，质感、肌理各有特点，具有原始、自然的美感。即使同样的材料来自不同的文化背景和使用不同的加工工艺，在使用和设计的过程中也会表现出不同特征的地域风貌。

材质设计语言承载的文化功能，有三种具体的表现方式：一是能真实能反映出环境的结构逻辑和景观空间逻辑；二是能真实能反映表达历史文化传统和地理气候条件的文脉；三是能形成提高人的精神活力、使人心情舒畅的景观环境。从这些方面我们不难看出，材质对地域文化特征的表达具有实际功能和精神功能的双重意义。

装饰元素是传递历史、文化以及精神意义的重要载体，具有象征性，能够作为一种生动的视觉语言来传播。景观装饰对造型设计进行了深化，从而使景观具有与视觉特征直接相关的审美价值和精神文化价值。

2. 景观环境空间地域文脉的表达手法

第一，景观环境空间地域文脉的再现。

自然风貌是乔家大院景观环境设计中地域原型再现的灵感来源，利用原型构

成的景观环境，能增强乔家大院空间的亲切感和山西的乡土氛围，容易形成具有历史归属感的空间环境。地域文脉的再现有两种方式：一种是对乔家大院景观周边自然环境的再现和设计，另一种是对乔家大院当年生活图景的再现和设计。

对自然景观环境的再现与设计，在地域的环境空间中表达出自然景观的设计风貌，可以通过三种途径：一是微缩简化；二是局部模仿；三是进行抽象概括。

对当年生活景象的生动再现，即在乔家大院的景观设计中充分以年代感来表达，主要的表达方式有两种：一是对乔家大院的发展片段进行截取，以壁画或雕塑的形式展示出来，用静态的手法表现当年乔家发展历史的动态连续场景；二是空间环境的再现设计。不同生活方式的空间格局具有不同的特征。纪实、回忆和表现曾经的生活方式，需要再现当年的空间形态特征，如空间结构、要素、尺度等，让游人亲身感受一段真实的乔家发展历程，使得游人对乔家甚至整个晋商的发展有更加深入的了解和深刻的印象。

第二，地域文脉转化的两种形式。

通过地方历史材料和历史经验演绎出新的景观环境空间，它们都是地域文脉的转化形式。本地的历史文化材料是当地劳动人民多年的实践经验，已被普遍接受，用于生活和生存的建造活动中。它们和自然、土地、居民生活的联系是非常紧密的，蕴含着他们适应自然环境的经验和智慧。因此，地方历史材料不是简单的物的概念，而是凝结了当地居民对大地的衷情、历史的沧桑和智慧，彰显了地域景观环境特色的文化。同样的材料、符号可以适应如今瞬息万变的发展思潮、理念，演绎出蕴含乡土意味并融会时代精神的空间形式，而免于构建出空洞、无意义的环境景观空间。

第三节　乔家大院现代城市互动式景观设计

对于乔家大院互动式景观设计的目的是将作为主体之"人"与客体之"景"相结合，形成互相融合、和谐共生的互动式景观设计。设计师需要用饱满的情感和高超的专业素养，来构思和设计乔家大院中的互动式景观，真正做到将设计师的真实情感融入乔家大院互动式景观的设计之中，再以互动的方式传递给游人。在唐代著名诗人王昌龄的《诗格》中，将诗的境界分为"物境、情境、意境"三层。这三个层次的境界同样可以运用到景观设计中，物境是指游人对于景观环境初次观赏的直观视觉感受；情境是指游人置身于景观设计之中，由视觉感受所产生的情感抒发；意境是指在景观设计游人与景观环境达到"天人合一"的最深的灵魂升华。

首先，物境是游人在乔家大院的景观设计中最直观也是设计师最容易把握的层次，游人运用自身的视觉、听觉、触觉和嗅觉等来直观感受乔家大院的景观设计。在这一层次里，设计师在此设计环节中，只考虑乔家大院景观的外部形式特征，如美观性、功能性和实用性等，不需要考虑游人在观赏时更深层次的情感需求，更不需要考虑游人精神层面的需求。

其次，情境是指游人在乔家大院的景观设计中所产生的情感，游人在这一层次里满足自身对乔家大院景观设计美的需求，游人开始追求精神层面的情感抒发。因此，设计师在设计情景的过程中应考虑到乔家大院景观中情与景的交融设计。游人在乔家大院的景观设计能够达到寓情于景、情景交融的境界，享受置身于景观环境中，抒发出自己的情感。

最后，意境也是游人在乔家大院的景观设计中所要追求的最高境界，它是从直观物境层到抒发情境层一步步升华而来，最终达到"天人合一"的理想境界。要想将乔家大院的景观设计达到这一境界，需要设计师从大自然中汲取设计灵感，要有一颗对大自然无限敬畏的心。学习和掌握自然变化的规律，提高自身的审美能力，从而提升游人的精神层面的获得感，使得游人在乔家大院的景观环境中仿佛置身于大自然之中，并与大自然融为一体，达到自身灵魂的洗涤，投入浑然一体的天地胸怀之中。

乔家大院互动式景观的设计，分别从自然景观风貌、地域文化特色、情感给养这几个方面进行研究。

一、营造乔家大院的自然景观风貌

将自然景观风貌融入乔家大院的现代城市互动景观空间设计中，让游人们在纷繁复杂的城市里多亲近大自然，回归大自然。把自然生态系统与人类社会的发展相结合，让乔家大院的景观设计在自然生态系统里协调发展。

生存在地球上的一切生物都与大自然环境有着密不可分的联系，大自然在为人们所赖以生存的地球中提供一片舒适的"温床"，而现在人们要想长久的躺在这张舒适的"温床"上，就必须通过人们不断的认识、尊重和利用自然的规律来引导我们的生活。人类社会的发展、进步和自然环境相互影响、互为依托、共同成长。

二、营造乔家大院的地域文化特色

每一个地方都有属于该地域的本土文化、民俗特色与地域风光。在这片富饶的土地上生活的人们都应该热爱自己的家乡，了解并熟悉自己家乡的传统文化。营造乔家大院的地域文化特色，就是要以乔家大院的景观建筑为实物载体，并不断丰富实物载体的文化元素。一座城市的发展与建设程度，并不是取决于这座城市里有多少的高楼大厦，而是与这座城市的经济、文化、生态等都有着紧密联系。文化的注入使得城市更加具有深厚的内涵和宝贵的价值，从而吸引更多的游人慕名而来。

（一）横向互动

1. 乔家大院景观设计的文化建设

将乔家大院的景观设计打造成一张具有城市景观特色的"文化名片"，深入挖掘乔家大院独特的文化资源来发挥当地城市的独特魅力，成为这座城市里最重要的视觉要素、旅游资源要素和景观环境要素。

2. 乔家大院景观设计中公共空间的建造

随着现代城镇居民生活水平的提高，人们更加追求生活品位的提升和精神世界的享受。在乔家大院景观设计中，规划图书馆、博物馆、文化艺术馆、主题公园和艺术广场等这些公共空间的建造，不仅能带给城市居民更优越的文化享受，也提升了城市整体的文化艺术形象并增加了乔家大院景观空间的亮点特色。以及规划晋商主题影院、商业街、文创产品商店等，不仅能够丰富周边居民的娱乐生活，也促进了当地城市经济的持续稳定增长。

3. 乔家大院景观的标识系统设计

在现代城市景观设计中，各种公共场所、热门景点、城市交通、社区等都需要有能够准确表示内容、位置、方向等功能的标识设计。因此，标识系统设计在乔家大院的景观设计中有着极其重要的功能和作用，为来往的游人提供高效、便捷、最佳的游览路径和方式，使乔家大院整体景观空间更加系统化、规范化和人性化。一套完善的乔家大院景观标识系统，在满足游人观赏需求的同时还能够优化乔家大院的景观空间。

（二）纵向互动

1. 地域特色

一座有特色的城市需要带有明确的标识性和地域文化属性，在城市景观设计中将地域文化中特有的民间元素融合到城市景观设计中来，通过展现当地不同时期民间生活的特点，使乔家大院的景观环境更富有人文气息和地域特色。游人在置身于乔家大院景观环境的同时，能够更好地与景观环境进行沟通、交流，深入了解乔家大院的发展进程，品味当地民间的文化特色。

2. 历史记忆

城市的发展永远离不开对历史的铭记与传承，城市的历史是人类社会发展进步的根基和灵魂，生活在城市里的人们都与其城市背后的历史背景有着浓厚的情感。在对乔家大院景观环境的设计中要融入对这座城市的历史记忆，来传承和发扬这座城市的文化内涵。每一个设计师在设计景观作品时，都有责任去宣传和延续设计区域的历史文化，将在本地域长期生活的人民对家乡最美好的回忆蕴藏在一件件艺术作品之中。

3. 景观环境归属感

每一座城市景观环境的设计与建造都是为人服务的，当景观环境的设计能够从情感上被游人所接纳和吸引，游人便能获得对景观环境长久的归属感与依赖感。这样的景观环境设计会具有非常强烈的感染力，并在这个城市里形成独特风格，深深融入游人的思想情感之中。每一座景观环境的文化归属感都是日积月累沉淀下来的，是与游人和谐共生的存在。

三、营造乔家大院的情感给养

设计的初衷是要以人为中心，满足人的行为、心理、情感的需求，因此要营造出"融情于景"的城市互动景观设计。在乔家大院的景观设计的中，只有以游人的立场角度出发，切实体会游人的情感需求，设计师要投入真正的情感，才能使设计具有打动人心的魅力。如何做到在情感上与游人产生和谐共鸣，就需要景观环境设计能够与游人进行充分的互动交流。例如，在景观环境设计中运用虚拟现实技术、沉浸式体感技术、人工智能技术等一系列先进的新媒体技术手段，带动起游人多层次的感官享受和交流的主观能动性。当游人得到了行为、心理、情感上的需求满足之后，便能被景观环境所深深打动。

设计的本质是要基于满足人类的体验层面进行的，当游人初次置身在景观环境设计中的感受会是什么？来自游人生理特征本能的感官反应。对于景观环境设计的体验而言，是要更好地处理和满足游人观赏时对景物的情感需求；对于景观设计的效果而言，在基于满足游人情感需求的同时，要让游人能够高效、便捷、有效地投入景观环境设计之中。当景观环境设计真正为游人们所认可和接纳时，便能真正地理解景观环境里的设计内涵和思想，感受设计师的设计风格和设计理念，最终达到这种情感需求的满足感。一件好的景观设计作品，要具备功能性，情感性和审美性，游人在观赏景观环境设计时能够进行充分的理解和反思，时刻影响着游人对于历史文化、社会发展、人文风貌等方方面面的思考。

（一）情景交融的乔家大院互动式景观设计

乔家大院互动式景观设计针对游人设计的具体环境是多元化的，包含有游人与景观环境互动交流时情感上的内在表达。乔家大院的景观设计在建造完成之初，对游人们还具有一定的新鲜感和吸引力，随着时间的推移和累积，游人们会将自己的主观情感带入其中，此时人们在观赏和使用乔家大院景观环境内的每个场景变化都会产生不同的情感变化。在乔家大院每个景观设计的场景里，都需要与游人进行思想上的互动交流，了解游人的各种感知系统，站在设计者的角度，抓住游人的每一个感知细节来进行思考与设计。要始终站在一个变化发展的视角，考虑每一个景观场景与游人时刻的变化关系，演变成能与游人进行情感上的互动、交流和沟通的景观设计，给予游人情感上的互动体验享受。

（二）基于人性关怀的乔家大院互动式景观设计

乔家大院的景观设计是围绕游人为核心的设计，在设计时要充分考虑到游人本质特征的方方面面，最终从人性的思考角度出发，来解决在设计过程中出现的各种问题。根据马斯洛的"需要层次"理论里对人的分析，景观设计既要从宏观上去统筹规划，也要从微观上把握游人观赏时行为上、情感上的每一个小细节。不断开拓设计思路，吸引更多的游人积极参与到乔家大院的景观环境中，形成良好的互动融合，使游人感受到景观环境中处处彰显的人性关怀。比如说，有一些公园景观内的喷水景观投掷硬币许愿，适当增加一些儿童游玩实施，大人在旅游中途乏累，可以在座椅上休息，可以更好的看管孩子，减轻负担。

（三）参与体验的乔家大院互动式景观设计

游人在观赏乔家大院景观环境的同时，要能够吸引和带动游人主动参与、融入其中。在与景观环境的互动交流中，让游人的感官接收环境内的新鲜奇特和精彩美妙。科学研究表明，在人类的大脑构造中海马体功能是用来存贮记忆和信息的，人类通过自身感官接受到各种外部的信息资源都会传送到大脑的海马体内，若对接受到的新奇事物产生了共鸣反应，人类就会产生愉悦快乐的体验感受。景观环境的体验设计带给游人们的不仅是一种参与过程，它更会将游人与景观环境连系成为一个整体，使游人最终通过主观能动性获取到受益匪浅的体验效果。

（四）教育意义的乔家大院互动式景观设计

教育在大多数人们的心目中仍然保持着严谨、刻板的印象，但大胆尝试将教育与景观设计相结合,可以有效推进教育模式的变革与创新,让前来观赏的游人在享受到互动式景观设计的欢愉体验时,更能掌握到广泛的知识。在乔家大院的景观设计中融入教育的意义也在于此,游人在游玩中参与互动学习,直抵山西民间文化、晋商文化和宅院文化的精髓。可以通过开设科普类讲座的互动景观设施、晋商发展历程的场景式互动体验、乔家大院生活空间景观体验教育宣传模式等,以创新的思维的宣传更多人了解璀璨夺目、底蕴深厚的晋文化。

(五)亲近水体的乔家大院互动式景观设计

水是万物生命之源,亲近大自然是人类的天性,水的灵动、清澈带给人心旷神怡之感。在乔家大院的互动式景观设计中,人类在享受水体带来的欢乐快意的同时,还能更好地融入景观环境之中。北方水少,较为干旱,如果能在乔家大院的景观设计中,可以增设亲水步道回廊,水中的游鱼让人们亲近水景景观,这样既增加了乔家大院景观欣赏性和趣味性,又使游人在干燥烦闷的季节里感受到一丝清凉的慰藉。

后　记

　　笔者虽然祖籍在辽宁，但是土生土长于山西太原，2015 年于武汉理工大学博士毕业后回到太原工作，任教于中北大学艺术学院，开始了长期的艺术设计专业教书匠生活。一次笔者申报山西省高等学校哲学社会科学研究项目课题时，萌生了尝试申报祁县乔家大院相关课题的想法。原因有二：一是虽然住在山西，但一直在外地求学，并没有真正去走访过，由此产生了好奇之心；二是乔家大院也是山西著名的景点之一，全国重点文物保护单位，素有"皇家有故宫，民宅看乔家"之说，名扬三晋，是山西的骄傲。所以笔者连夜撰写了《创意设计视角下乔家大院装饰艺术在景观领域的传承与发展研究》，并在数月后得到了申报成功的通知。

　　开心之余，笔者进行了实地考察与调研，收集了若干资料，由此也发现了一些问题，如专门讲述乔家大院的资料甚少，大多数专著主要介绍了乔家大院的历史发展和名人，雷同书目较多。因此，如果能从设计视角分析与研究较为新颖独特，于是不揣冒昧开始撰写本书。写作过程中遇到了很多困难，也得到了家人的鼓励与支持，感谢父母与先生李建军；也感谢研究生团队张晶琪、宋伟、胡傅强、赵子蕴等在参与本课题过程中所做的资料收集和整理编辑工作。

　　由于时间紧迫，笔者接触的资料有限，研究水平有待提升，疏漏之处，希望读者补充和指正，不胜感激！

李　硕

记于山西太原家中

2019 年 11 月